FICHES BAC

Physique

TERMINALE S

Enseignement obligatoire et enseignement de spécialité

Domi
Professeur agrégée de physique

HATIER

Conception maquette : Anne Gallet
Mise en pages : Soft Office
Édition : Dominique Anglésio

© HATIER Paris, Mars 2006 ISBN 2-218-92269-X

SOMMAIRE

Méthodes

Enseignement obligatoire

Mécanique

Enseignement de spécialité

Corrigés

Dépliant

1 EXPRIMER UN RÉSULTAT

Rappel de cours

Notation scientifique

La valeur numérique est exprimée avec un chiffre avant la virgule et suivie de la puissance de 10 convenable (on n'écrit pas 10^0 qui vaut 1).

Exemple : En notation scientifique, le nombre 654 s'écrit $6{,}54 \cdot 10^2$; le nombre 0,00230 s'écrit $2{,}30 \cdot 10^{-3}$.

Chiffres significatifs (C. S.)

Le nombre 1,32 est constitué de 3 C.S. (1, 3 et 2).
0,230 et 0,00230 comportent 3 C.S. : 2, 3 et 0 (les « zéros à gauche » ne comptent pas).
Un résultat est donné avec autant de précision que la donnée la moins précise de l'énoncé : $2{,}0 \times 3{,}25 = 6{,}5$ (et non 6,50).

$x = 2{,}3$ signifie : $2{,}25 \leqslant x \leqslant 2{,}34$.

$y = 2{,}30$ signifie : $2{,}295 \leqslant y \leqslant 2{,}304$.

Exemple : Arrondis avec 2 C.S. : 1,12 s'arrondit à 1,1.
1,99 s'arrondit à 2,0 et 1,04985 s'arrondit à 1,0.

Méthode

Exprimer un résultat avec un nombre pertinent de C. S.

• Chaque chiffre doit avoir un « sens physique ».

Exemple : On sait que le rayon de la Terre est 6 400 km.
On trouve dans un manuel de physique : $R_T = 6{,}4 \cdot 10^3$ km.
La donnée 6 400 km qui comporte 4 C. S. n'est pas plus précise : il s'agit d'une écriture aisément mémorisable de la donnée $R_T = 6{,}4 \cdot 10^3$ km.
Si R_T est donné avec 3 C. S., on distingue le rayon équatorial du rayon polaire. Avec 4 C. S., il ne s'agit plus « du » rayon (la hauteur d'une montagne est de l'ordre du km).

• On considère qu'un nombre entier n est donné avec autant de précision que la donnée la moins précise de l'énoncé.

Exemple : On pose l'une sur l'autre deux plaques métalliques identiques de masse $m = 36$ g.
Quelle est la masse de l'ensemble ?
La masse de l'ensemble est 72 g (2 C. S., comme la donnée 36 g) et non $7 \cdot 10^1$ g (1 C. S.) ; l'imprécision provient uniquement de la mesure de la masse qui est effectuée au gramme près.

Présenter un calcul : expression littérale, application numérique

Exemple : La vitesse de propagation d'une onde sonore dans l'air est $v = 330\ \text{m} \cdot \text{s}^{-1}$. La distance entre la sirène placée sur le toit de la mairie et la maison de Sidonie vaut 1,3 km.
Combien de temps après avoir été émis le signal est-il perçu par Sidonie ?

• Définir les grandeurs utilisées, mais non introduites dans l'énoncé.
Soit d la distance entre la mairie et la maison de Sidonie, t la durée de la propagation du signal entre la mairie et la maison.

• Donner l'expression littérale de la grandeur cherchée : $t = \frac{d}{v}$.

• Utiliser de préférence les unités S. I. (Système International) :

$d = 1{,}3 \cdot 10^3$ m (2 C. S. dans l'énoncé) et $v = 330\ \text{m} \cdot \text{s}^{-1}$.

• Calculer et exprimer le résultat avec le même nombre de C. S. que la donnée la moins précise (ici 2 C. S. car d est la donnée la moins précise) : $t = \frac{d}{v} = \frac{1{,}3 \cdot 10^3}{330} = 3{,}9$ s.

Remarques :
• L'affichage 3.939394 00 signifie $3{,}939\,394 \cdot 10^0$.

• Avec $d = 1{,}3$ km et $v = 330\ \text{m} \cdot \text{s}^{-1} = 0{,}330\ \text{km} \cdot \text{s}^{-1}$ on retrouve :

$$t = \frac{d}{v} = \frac{1{,}3}{0{,}330} = 3{,}9 \text{ s.}$$

2 UNITÉS, ÉQUATIONS AUX DIMENSIONS

Rappel de cours

Grandeurs fondamentales

longueur : mètre (m) ; **temps** : seconde (s) ; **masse** : kilogramme (kg) ; **intensité** : ampère (A) ; **tension** : volt (V).

Grandeur définie comme produit ou rapport de deux grandeurs

[surface] = [longueur][longueur] ⟶ unité de surface : m^2.

[vitesse] = [longueur][temps]$^{-1}$ ⟶ unité de vitesse : $m \cdot s^{-1}$.

Grandeur définie comme dérivée d'une autre grandeur

De la définition de la dérivée f' d'une fonction f par rapport au temps : $f'(t) = \lim\limits_{h \to 0} \dfrac{f(t+h) - f(t)}{h}$ où $[h]$ = [temps], on déduit : $[f'] = [f]$[temps]$^{-1}$.

Exemple : $\vec{a} = \dfrac{d\vec{v}}{dt}$

[accélération] = [vitesse][temps]$^{-1}$ ⟶ unité d'accélération : $m \cdot s^{-2}$.

Équations aux dimensions, homogénéité

La 2e loi de Newton appliquée à un corps de masse m soumis à son seul poids s'écrit : $m\vec{a} = \vec{P}$ (1) avec $\vec{P} = m\vec{g}$ (2).
(2) permet de définir g comme rapport d'une force à une masse.
La combinaison de (1) et (2) montre que $\vec{a} = \vec{g}$.
g s'exprime en $N \cdot kg^{-1}$ ou en $m \cdot s^{-2}$: $1\ N \cdot kg^{-1} = 1\ m \cdot s^{-2}$.
On dit que la grandeur g est homogène à une accélération.

Méthode

Relier une unité usuelle aux unités fondamentales

Exemple 1 : L'unité de charge est le coulomb (C).

$i = \dfrac{dq}{dt}$ donc $1\ A = 1\ C \cdot s^{-1}$ et $1\ C = 1\ s \cdot A$.

Signification physique : Un condensateur chargé pendant 1 s à courant constant d'intensité 1 A acquiert une charge de 1 C.

Exemple 2 : L'unité de capacité est le farad (F).

De $q = CU$ on déduit que la capacité s'exprime en $\mathrm{C \cdot V^{-1}}$.

Or $1\ \mathrm{C} = 1\ \mathrm{A \cdot s}$ (voir l'exemple précédent) donc $1\ \mathrm{F} = 1\ \mathrm{A \cdot s \cdot V^{-1}}$.

Montrer qu'une grandeur a la dimension d'un temps en utilisant une relation faisant intervenir le temps

• *En mécanique :*

– Écrire la 2e loi de Newton qui relie force, masse et accélération : [force] = [masse] [accélération] = [masse] [longueur] $[\text{temps}]^{-2}$.

– Écrire les relations qui lient force, longueur, masse et vitesse : [travail] = [force] [longueur] = [énergie] = [masse] $[\text{vitesse}]^2$, etc.

• *En électricité :*

– Écrire : $u = L\dfrac{\mathrm{d}i}{\mathrm{d}t}$, $i = \dfrac{\mathrm{d}q}{\mathrm{d}t}$ ou la loi d'Ohm $u = Ri$.

– Écrire les expressions de l'énergie : $E = \frac{1}{2}Li^2$ ou $\frac{1}{2}Cu^2$ ou Ri^2

Repérer les « passages » possibles entre les différentes parties du programme

Exemple : Entre l'électricité et la mécanique :

– L'énergie (unité : joule (J)) intervient en électricité ($\frac{1}{2}Li^2$) et en mécanique ($\frac{1}{2}mv^2$).

– La force (unité : newton (N)) intervient en électricité $\left(k\dfrac{qq'}{r^2}\right)$ et en mécanique $\left(\mathrm{G}\dfrac{mm'}{r^2}\right)$.

Être toujours très attentif aux « majuscules » utilisées

Exemple : C (en *italique*) représente la capacité ($q = Cu$), grandeur dont l'unité est le farad (F). Mais C (en caractère droit) est aussi l'abréviation de l'unité de charge : le coulomb.

Rappel de cours

Tracer une courbe à partir de points expérimentaux

• Une courbe est tracée à main levée (la main est placée dans la concavité de la courbe, quitte à la déplacer).

• Une droite est tracée à la règle, d'un seul trait.

• Une droite (ou une courbe) ne passe pas toujours par tous les points.

Tracer une droite d'équation $Y = kX + b$ (fig. 1)

• Si $b = 0$, la droite passe par l'origine.

• Si $b \neq 0$, la droite ne passe pas par l'origine (fig. 2 et 3).

La droite coupe l'axe OY au point d'ordonnée b et l'axe OX au point d'abscisse $-b/k$.

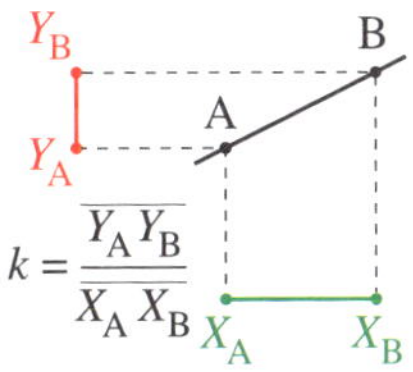

fig. 1

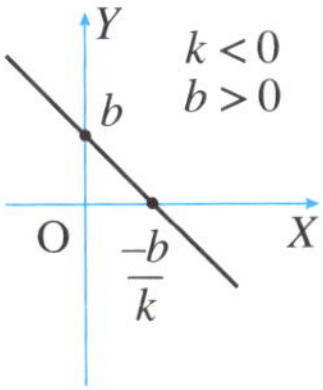

fig. 2

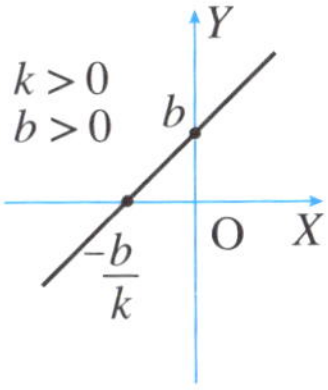

fig. 3

Méthode

Tracer la courbe représentative des variations d'une grandeur en fonction d'une autre grandeur

Exemple : Variations de la vitesse v d'une voiture au démarrage en fonction du temps (fig. 4).

$v\ (\mathrm{m \cdot s^{-1}})$	0	13	22	28	33	37	41	44	45	47	48
t (s)	0	5	10	15	20	25	30	35	40	45	50

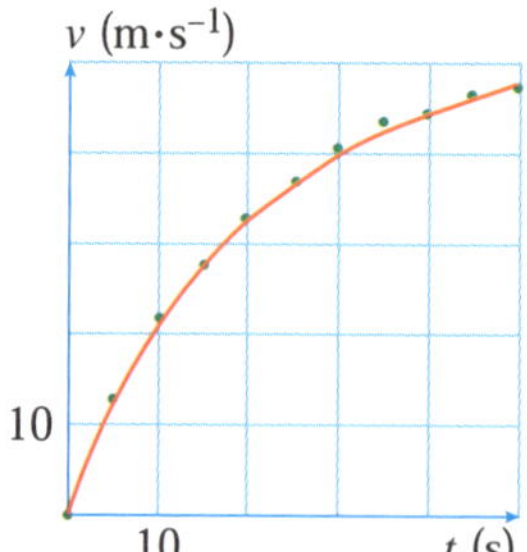

fig. 4

- Identifier les grandeurs portées en abscisse (abs ≡ bas ; axe Ox) et en ordonnée (o ≡ haut ; axe Oy).
- Tracer les axes.
- Indiquer le symbole des grandeurs et leur unité ainsi que l'échelle.

Attention : Les axes ne se coupent pas toujours au point (0 ; 0).

- Placer les points expérimentaux et tracer la courbe à main levée (la courbe ne passe pas par le point (35 ; 44)).

Déterminer l'équation d'une droite

Exemple : Décharge d'un condensateur (fig. 5).

Cas où la courbe des variations de ln (u_{AB}) en fonction de t est une droite donnée par l'énoncé (fig. 6).

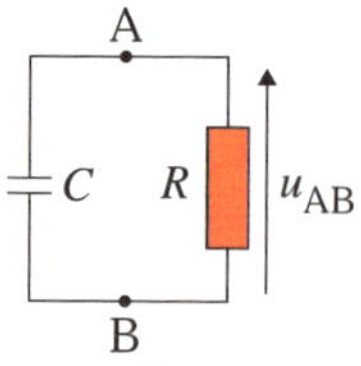

fig. 5

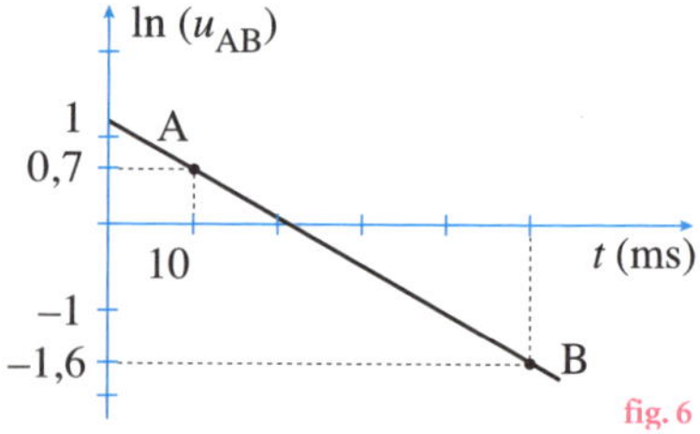

fig. 6

- Écrire l'équation type de la droite : $\ln(u_{AB}) = kt + b$.
- Déterminer graphiquement b : on lit $b = 1{,}3$.
- Déterminer graphiquement k. Il y a deux méthodes possibles :

– la droite coupe l'axe des temps au point d'abscisse $-b/k$;

– utiliser la formule : $\frac{Y_A\ Y_B}{X_A\ X_B}$ (méthode plus précise) en choisissant des points éloignés (ne correspondant pas forcément à des valeurs du tableau de données).

Ici : $X_A = 10$ ms $= 0{,}010$ s ; $X_B = 50$ ms $= 0{,}050$ s ; $Y_A = 0{,}7$; $Y_B = -1{,}6$; d'où $k = \frac{-1{,}6 - 0{,}7}{0{,}050 - 0{,}010} = \frac{-2{,}3}{0{,}040} = -58\ \text{s}^{-1}$.

$$\ln(u_{AB}) = -58\,t + 1{,}3$$ avec t en seconde et u_{AB} en volt.

4 RÉSOUDRE LES ÉQUATIONS DIFFÉRENTIELLES

Rappel de cours

Résoudre une équation du type :

$$x' + \lambda x = c \quad \textbf{(1)} \quad \text{ou} \quad \tau x' + x = c \quad \textbf{(1')}$$

Contexte : Charge, décharge d'un condensateur ; établissement, disparition du courant dans une bobine ; évolution d'une population de noyaux radioactifs.

Solution : $x(t) = k\text{e}^{-\lambda t} + k'$ **(2)** ou $x(t) = k\text{e}^{-t/\tau} + k'$ **(2')**

Les conditions initiales permettent de déterminer k et k'.
k' est nulle si $c = 0$.

Résoudre une équation du type : $x'' + bx = 0$ (3)

Contexte : Les oscillations libres électriques (circuit RLC avec amortissement négligeable) ; les oscillations libres mécaniques (système {solide-ressort}).

$$\text{Solution : } x(t) = X_\text{m} \cos\left[\left(\frac{2\pi}{T}\right)t + \varphi\right] \quad \textbf{(4)}$$

$$\text{ou} \quad x(t) = X_\text{m} \sin\left[\left(\frac{2\pi}{T}\right)t + \psi\right] \quad \textbf{(4')}$$

On choisit **(4)** lorsque $x'(0) = 0$ et **(4')** si $x(0) = 0$.

Méthode

Déterminer les valeurs de λ, *k* et *k'* pour une équation de type (1)

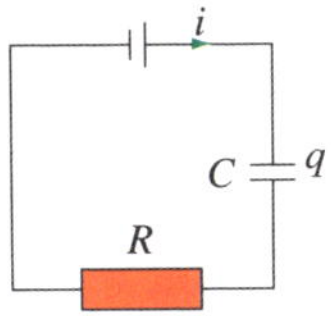

Exemple : Charge à tension constante d'un condensateur avec $q(0) = 0$.

$$\frac{U}{R} = q' + \frac{1}{RC}q \quad \textbf{(5)}$$

• On reconnaît une équation différentielle de type (1).
On cherche q sous la forme $q(t) = k\text{e}^{-\lambda t} + k'$.

• On calcule $q'(t) = -\lambda k e^{-\lambda t}$. On remplace dans **(5)**.

(5) s'écrit : $$\left(\frac{U}{R} - \frac{k'}{RC}\right) = \left(-\lambda + \frac{1}{RC}\right)e^{-\lambda t}.$$

• Cette expression est vérifiée à chaque instant, donc chaque parenthèse est nulle. Il vient :

$$k' = CU \quad \text{et} \quad \lambda = \frac{1}{RC}.$$

• Puisque $q(0) = 0$, on a $ke^{-\lambda(0)} + k' = k + k' = 0$; d'où $k = -k'$.
On a finalement : $q(t) = CU\left(1 - e^{-t/RC}\right)$.

Déterminer X_m, T et φ pour une équation de type (3)

Exemple : Le système solide-ressort (fig. 2) (► Fiche 37).

$$\boxed{x'' + \frac{k}{m}x = 0} \quad \textbf{(6)}$$

fig. 2

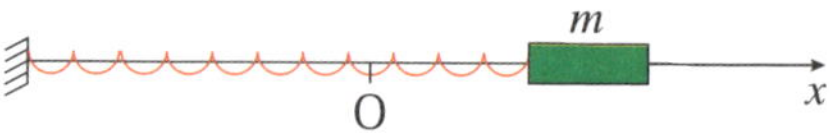

Données : $k = 3\ \text{N} \cdot \text{m}^{-1}$, $m = 5 \cdot 10^{-2}\ \text{kg}$, $x(0) = 5{,}0\ \text{cm}$ et $v(0) = 0\ \text{m} \cdot \text{s}^{-1}$.

• Écrire l'expression générale de la solution (on choisit **(4)** car $v(0) = x'(0) = 0$) :

$$x = X_m \cos\left(\frac{2\pi}{T}t + \varphi\right).$$

• Déterminer T.
On calcule $x' = v(t) = -X_m \frac{2\pi}{T} \sin\left(\frac{2\pi}{T}t + \varphi\right)$,

puis $x'' = a(t) = -X_m \left(\frac{2\pi}{T}\right)^2 \cos\left(\frac{2\pi}{T}t + \varphi\right)$.

On remplace x et x'' par leurs expressions dans l'équation (3) :
$-\left(\frac{2\pi}{T}\right)^2 + \frac{k}{m} = 0$, d'où $\frac{2\pi}{T} = \sqrt{\frac{k}{m}} = 7{,}7\ \text{s}^{-1}$, soit $T = 0{,}81\ \text{s}$.

• Utiliser l'énoncé pour déterminer X_m et φ.
À l'instant $t = 0$ s, $x(0) = 5$ cm et $v(0) = 0\ \text{m} \cdot \text{s}^{-1}$ donc :

$$x(0) = X_m \cos\varphi = 5{,}0\ \text{cm}. \quad \textbf{(7)}$$

$v(0) = -X_m \sin\varphi = 0\ \text{m} \cdot \text{s}^{-1}$ donc $\varphi = 0$ rad.
(7) s'écrit : $x(0) = X_m \cos 0 = X_m = 5{,}0$ cm.

D'où l'expression : $\boldsymbol{x = 5{,}0 \cos 7{,}7\, t}$ (x en cm et t en s).

5 MÉTHODE D'EULER

Rappel de cours

Intérêt de la méthode

Pour une fonction f vérifiant l'équation différentielle : $f'(t) + kf(t) = C$ (1) où k et C sont des constantes, la méthode d'Euler permet de calculer à tout instant t la valeur $f(t)$ à partir de sa valeur initiale $f(0)$.

On utilise une seconde équation : $f(t+\varepsilon) = f(t) + \varepsilon f'(t)$. (2)

L'équation (2) découle, pour ε petit, de la définition de la dérivée : $f(a+\varepsilon) = f(a) + \varepsilon f'(a) + \varphi(\varepsilon)$ avec $\lim_{\varepsilon \to 0} \varphi(\varepsilon) = 0$.

Principe de la méthode

(1) permet de calculer $f'(0)$.

(2) permet de calculer $f(\varepsilon) = f(0) + \varepsilon f'(0)$.

(1) permet d'en déduire $f'(\varepsilon) = C - k f(\varepsilon)$.

(2) donne alors : $f(2\varepsilon) = f(\varepsilon) + \varepsilon f'(\varepsilon)$, etc.

On peut ainsi calculer la valeur de f à tout instant $t = n\varepsilon$.

On appelle « pas d'itération » la valeur de ε qui permet de calculer pas à pas les valeurs successives prises par f.

L'usage d'un tableur ou d'une calculatrice est recommandé !

Domaines d'application

La méthode est introduite dans le cadre de l'étude de la chute avec frottements pour le calcul de la vitesse limite ; elle peut être utilisée dans d'autres chapitres.

Le pas d'itération (imposé par l'énoncé) est toujours petit devant la durée du phénomène étudié.

Méthode

Exemple : L'étude d'une population de noyaux de carbone 14 permet d'établir que le nombre $N(t)$ de noyaux radioactifs vérifie l'équation $N'(t) = -k\,N(t)$ où $k = 1{,}2 \cdot 10^{-4}$ an.

On suppose qu'à l'instant pris pour origine des temps, l'échantillon contient $N_0 = 1 \cdot 10^5$ noyaux radioactifs.

Calculer $N(t_1)$ où $t_1 = 300$ ans. On prendra pour pas $\varepsilon = 50$ ans.

• On écrit les deux équations :

$$N'(t) = -k\,N(t) \qquad (1)$$
$$N(t+\varepsilon) = N(t) + \varepsilon\,N'(t) \qquad (2)$$

• On connaît la valeur initiale $N(0) = 10^5$.

On calcule successivement : $N'(0)$; $N(50)$; $N'(50)$; $N(100)$, etc.

Attention ! On ne réutilise pas une valeur arrondie, on utilise les mémoires de la calculatrice… ou on programme.

$N'(0) \quad = -k\,N(0) = -1{,}2 \cdot 10^{-4} \times 1 \cdot 10^5 = -12{,}00.$

Cette valeur négative traduit la décroissance de la population.

$N(50) \quad = N(0+50) = N(0) + 50\,N'(0)$
$\qquad = 10^5 + 50 \times (-12) = 99\,400$

$N'(50) \quad = -k\,N(50) = -1{,}2 \cdot 10^{-4} \times 99\,400 = -11{,}928$

$N(100) \quad = N(50+50) = N(50) + 50\,N'(50)$
$\qquad = 99\,400 + 50 \times (-11{,}928) = 98\,803{,}6$

$N'(100) \quad = -k\,N(100) = -11{,}85643$

$N(150) \quad = N(100+50) = N(100) + 50\,N'(100) = 98\,211$

$N'(150) \quad = -k\,N(150) = -11{,}78529$

$N(200) \quad = N(150+50) = N(150) + 50\,N'(150) = 97\,622$

$N'(200) \quad = -k\,N(200) = -11{,}71458$

$N(250) \quad = N(200+50) = N(200) + 50\,N'(200) = 97\,036$

$N'((250) = -k\,N(250) = -11{,}64429$

$N(300) \quad = N(250+50) = N(250) + 50\,N'(250) = 96\,454$

$N(t_1) \quad = \mathbf{96\,454}.$

Remarque : On pourra vérifier, en intégrant l'équation différentielle (2) que $N(t) = N_0\,e^{-kt}$ vaut, pour $t_1 = 300$ ans :

$$N(300) = 1 \cdot 10^5\,e^{-0{,}00012 \times 300} = \mathbf{96\,464}.$$

C'est la même valeur à 0,01 % près.

En effet, $\dfrac{96\,464 - 96\,454}{96\,464} = 0{,}000104$ (soit 0,0104 %).

6 TEMPS CARACTÉRISTIQUE

Rappel de cours

On définit souvent des temps (ou durées) caractéristiques…

Phénomènes périodiques : période T

Phénomènes présentant un régime transitoire

On définit τ, $t_{1/2}$, etc.

Exemples du programme (fig. 1 et 2) :

– Charge et décharge d'un condensateur (constante de temps τ).

– Retard à la disparition ou à l'établissement du courant.

– Évolution de la vitesse dans le cas de la chute avec frottement.

– Évolution d'une population de noyaux radioactifs (on définit deux grandeurs homogènes à un temps : $\tau = 1/\lambda$; $\tau_{1/2} = \tau \ln 2$).

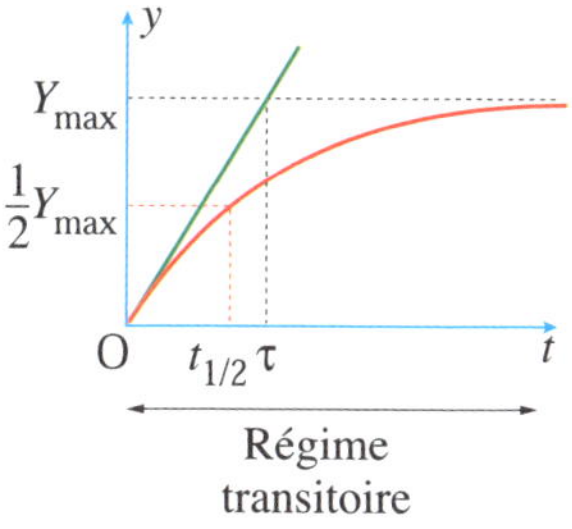

fig. 1 $y = Y_{max}\,(1 - e^{-t/\tau})$

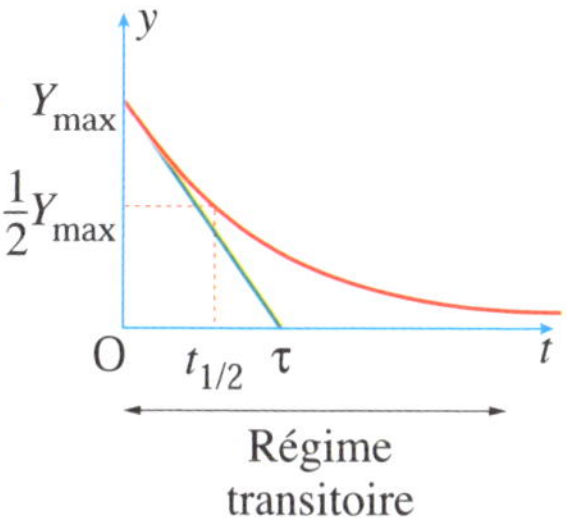

fig. 2 $y = Y_{max}\,e^{-t/\tau}$

On considère généralement que le régime transitoire ($y = Y_{max}$ ou $y = 0$) est atteint au bout d'une durée égale à 4 ou 5 fois τ.

Méthode

Utiliser l'expression analytique de la grandeur qui décrit le phénomène

Exemple : Dans un échantillon de carbone, l'évolution du nombre N de noyaux radioactifs est donnée par $N(t) = N_0\,e^{-\lambda t}$.

Déterminer la demi-vie $t_{1/2}$ du carbone 14 (temps au bout duquel le nombre de noyaux radioactifs de la population a diminué de moitié). On donne : $\lambda = 1{,}2 \cdot 10^{-4}$ an^{-1}.

- Identifier la grandeur qui décrit le phénomène : N.
- Donner son expression analytique : $N(t) = N_0\, e^{-\lambda t}$.
- En déduire le temps caractéristique recherché.

Par définition : $N(t_{1/2}) = \frac{1}{2}N_0$ soit $N_0\, e^{-\lambda t_{1/2}} = \frac{N_0}{2}$

donc $-\lambda t_{1/2} = \ln(1/2) = -\ln 2$ et $t_{1/2} = \frac{\ln 2}{\lambda}$ $= \mathbf{5{,}8 \cdot 10^3}$ **ans.**

On retrouve une valeur voisine de la valeur connue : **5 730 ans.**

Déterminer graphiquement des temps caractéristiques

Exemple :

On donne le graphe $i = f(t)$ correspondant à l'établissement du courant dans une bobine (fig. 3).

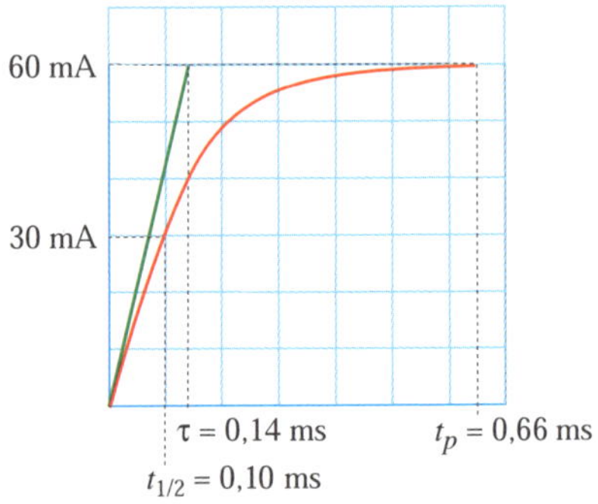

- Déterminer le temps $t_{1/2}$, temps au bout duquel l'intensité vaut la moitié du courant observé en régime permanent :
on calcule $\frac{i_{max}}{2} = 30$ mA et on lit $t_{1/2} = 0{,}10$ ms.

On vérifie que $t_{1/2} = \tau \ln 2$ (à 3 % près).

- Déterminer la constante de temps τ du circuit.
On trace la tangente à l'origine ; elle coupe l'asymptote horizontale à la courbe au point d'abscisse $\tau = 0{,}14$ ms.

- Déterminer le temps t_p au bout duquel le régime permanent peut être considéré comme établi. On recherche l'abscisse du « premier point » dont l'ordonnée est $i_{max} = 60$ mA.
On lit : $t_p = 0{,}66$ ms. On vérifie que $t_p \approx 5\,\tau$.

7 OSCILLOSCOPE ET INTERFACES D'ACQUISITION

Rappel de cours

Oscilloscope bicourbe (visualisation simultanée des variations de deux tensions en fonction du temps) (fig. 1)

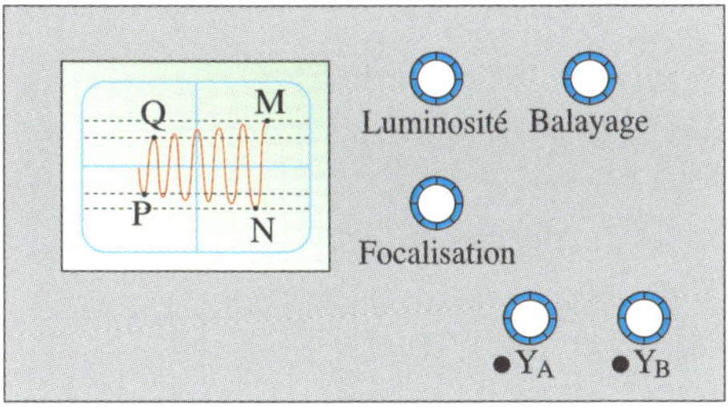

fig. 1

• **Luminosité** : la trace doit être tout juste visible pour permettre une lecture précise et ne pas endommager l'écran.

• **Focalisation** : netteté de la trace qui doit être fine.

• **Sensibilité horizontale** : (« durée de balayage », ou « base de temps ») : « T/div » signifie : $ms \cdot div^{-1}$; $\mu s \cdot div^{-1}$, etc.

• **Sensibilité verticale** : réglage indépendant des échelles verticales (en $V \cdot div^{-1}$, etc.) pour chacune des deux voies A et B, parfois désignées par CH 1 et CH 2.

Il est souvent possible de visualiser $Y_A = f(Y_B)$ ou $Y_B = f(Y_A)$: touche $X - Y$, utilisation en « Lissajous », fonction utilisée dans le chapitre « Modulation » de l'enseignement de spécialité (méthode « du trapèze » illustrée par la figure 1).

Interface d'acquisition

Sur tous les dispositifs, il y a possibilité de paramétrage de la durée d'acquisition (durée de l'enregistrement, nombre de points) et de la sensibilité verticale.

Méthode

Déterminer période, amplitude et fréquence

- $3\,T = 1{,}5$ ms
  $T = 0{,}50$ ms
- $2\,U_m = 0{,}50$ V
  $U_m = 0{,}25$ V
- $f = \frac{1}{T} = 2{,}0 \cdot 10^3$ Hz

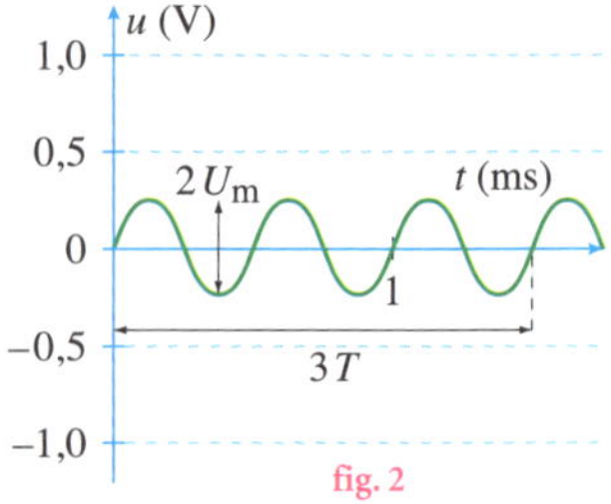

fig. 2

Interpréter des réglages différents

Les figures 3 et 4 sont des enregistrements du même signal avec des sensibilités différentes.

- Sur la figure 3, l'échelle de tension est dilatée par rapport à celle de la figure 2.
- Sur la figure 4, l'échelle des temps est rétrécie par rapport à celle des figures 2 et 3.

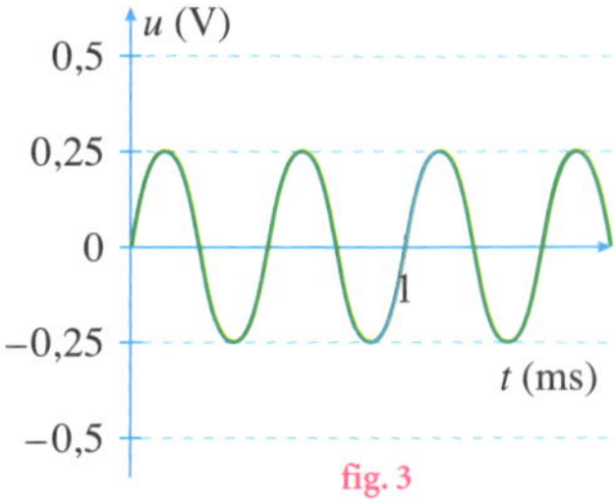

fig. 3

Interpréter le décalage vertical d'un oscillogramme

- Le mode GND permet de repérer le zéro.
- En mode DC, l'oscillogramme est « décalé » par rapport au zéro si le signal comporte une composante continue.
- En mode AC, l'oscillogramme n'est jamais décalé par rapport au zéro central car ce mode supprime la composante continue si elle existe.

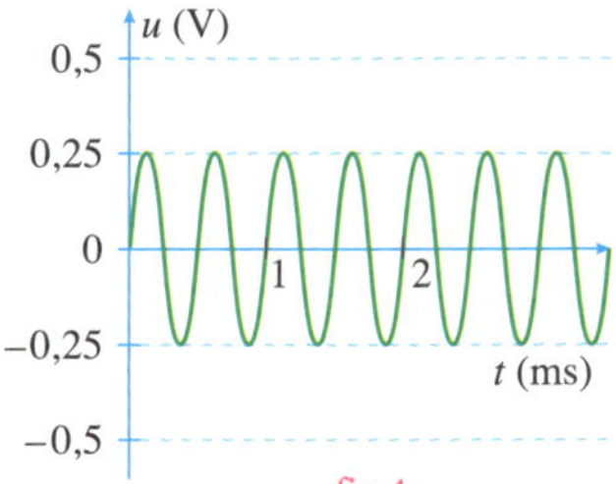

fig. 4

Rappel de cours

Prises de terre des appareils : position du problème

Pour des raisons de sécurité, la carcasse métallique des GBF et des oscilloscopes est reliée à la terre de l'installation électrique du laboratoire : les masses des appareils sont toutes reliées entre elles.

Les éléments d'un circuit série pouvant être permutés sans aucune modification des phénomènes, on doit les placer dans un ordre compatible avec le branchement de l'oscilloscope. Par exemple, pour visualiser la tension aux bornes de la bobine, on réalise le montage ⓑ et non le montage ⓐ (fig. 1) :

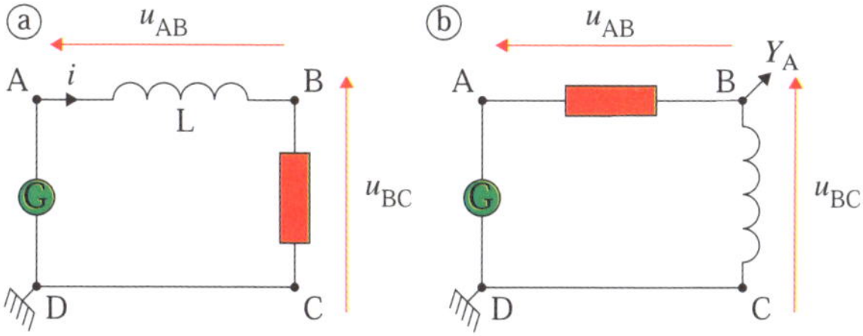

fig. 1 a. A en Y_A et B à la masse de l'oscilloscope…? court-circuit entre D et B !
b. Montage correct.

Autres branchements fréquents

• *Pour s'affranchir des problèmes de masse du montage* ⓐ

– Utiliser un oscilloscope « masse flottante » dont la masse n'est pas reliée à la terre de l'installation électrique. La masse de l'oscilloscope peut alors être reliée à B sans court-circuit.

– Utiliser les fonctions de l'oscilloscope : C est relié à la masse, A à Y_A et B à Y_B ; $u_{AB} = u_{AC} - u_{BC}$ est observable par la fonction $Y_A - Y_B$.

• *Pour visualiser les variations d'une intensité : la loi d'Ohm*

On observe la tension u_R aux bornes d'un conducteur ohmique qui est l'intensité i au facteur R près ($u_R = Ri$).

Méthode

Proposer un schéma pour visualiser une tension

Exemple : Une bobine (inductance L) montée en série avec un conducteur ohmique (résistance R) est reliée à un générateur. Comment visualiser les variations de la tension u_L aux bornes de la bobine et de l'intensité i du courant qui la traverse ?

Rechercher les contraintes

1. L'une des bornes du générateur est-elle reliée à la Terre par construction ?

2. Visualiser les variations de i, c'est visualiser celles de $u_R = Ri$.

3. Pour visualiser simultanément et directement u_L et u_R donc i, la bobine et le conducteur ohmique doivent avoir leur point commun relié à la masse de l'oscilloscope.

Analyser les incompatibilités, rechercher des solutions

Si le point commun entre la bobine et le conducteur ohmique est relié à la masse d'un oscilloscope classique :

– on crée un court-circuit entre ce point et la masse du générateur : il faut donc utiliser un oscilloscope masse flottante (fig. 2) ;

– on visualise u_R et $-u_L$ (ou $-u_R$ et u_L) mais pas u_R et u_L (utiliser la fonction $-Y$ de l'oscilloscope sur la voie A).

Faute d'oscilloscope à masse flottante, le montage 3 convient.

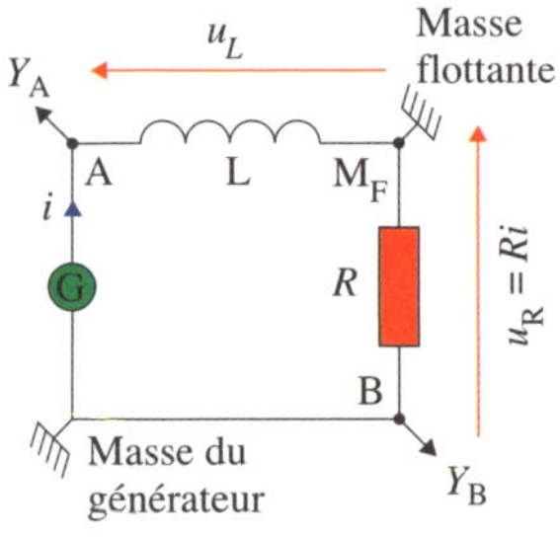

fig. 2 u_L visualisée en Y_A
u_R visualisée en $-Y_B$

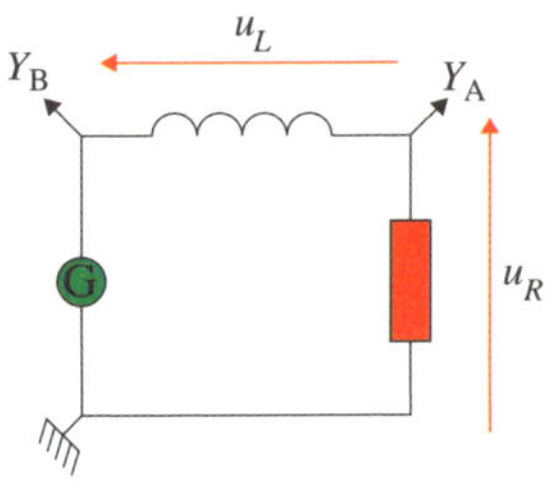

fig. 3 u_L visualisée en $Y_B - Y_A$
u_R visualisée en Y_A

Rappel de cours

Onde mécanique

– C'est une perturbation mécanique (déplacement de matière) sans transport de matière (seule l'énergie est transportée ; le milieu retrouve son état initial après le passage de l'onde).
– Elle se propage dans toutes les directions qui lui sont offertes.
– Deux ondes peuvent se croiser sans se perturber.

Différents types d'onde

• **Onde longitudinale** : onde sonore de compression-dilatation.
• **Onde transversale** : ride se propageant sur l'eau.
• **Onde de torsion** : échelle de perroquet.

Retard et vitesse de propagation

À l'instant t, un point M du milieu subit avec retard la perturbation subie par le point M' à l'instant t' (fig. 1) :

• **Retard τ** : $\tau = t - t'$ (unité : s).
• **Vitesse de propagation v** (ou célérité) :

$$v = \frac{M'M}{\tau} \quad (\text{unité} : m \cdot s^{-1}).$$

v dépend de l'état physique du milieu de propagation.
v est une propriété du milieu.

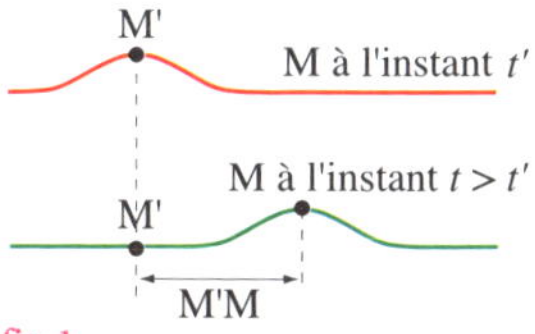

fig. 1

Le symbole c est réservé à la vitesse de la lumière dans le vide.

Méthode

Reconnaître un phénomène de propagation d'une onde

Exemple : Un caillou tombe sur une surface de sable parfaitement plane et lisse. Engendre-t-il une onde ?

• Revenir à la définition d'une onde : de même que pour la chute de dominos « en cascade », on ne peut pas parler d'onde : en effet, en toute rigueur, le milieu *ne retrouve pas son état initial* après le passage de la perturbation.

Calculer une vitesse de propagation

Exemple : Une durée τ sépare l'émission du cri d'un promeneur de la réception de l'écho par une falaise.

La célérité du son dans l'air est alors $v = 0{,}34\ \text{km} \cdot \text{s}^{-1}$.

À quelle distance de la falaise le cri a-t-il été émis ?

À l'instant t_0, émission du cri : l'air subit une perturbation au contact des cordes vocales du promeneur.

À l'instant $t = t_0 + \tau$: au contact du tympan du promeneur, l'air subit la perturbation avec le retard τ. Le son a parcouru la distance $2d$ (aller et retour) en une durée $\tau = 6{,}2$ s.

Donc $2d = v\tau$ et $d = \frac{v\tau}{2} = 0{,}34 \times \frac{6{,}2}{2} = 1{,}05$ soit $\boldsymbol{d = 1{,}1}$ **km**.

Exploiter un enregistrement

Exemple : Mesure de la vitesse de propagation du son.

Un haut-parleur émet une salve d'ultrasons. On relie, aux deux voies d'un oscilloscope à mémoire, deux microphones A et B situés respectivement à 20 cm et 47 cm du haut-parleur (fig. 2).

Le son est reçu par B, à la distance d de A, avec le retard τ :

$$\tau = 0{,}20 \times 4 = 0{,}80\ \text{ms}.$$

$$v = \frac{d}{\tau} = \frac{0{,}47 - 0{,}20}{0{,}80 \cdot 10^{-3}}$$

$$= \mathbf{3{,}4 \cdot 10^2\ m \cdot s^{-1}}.$$

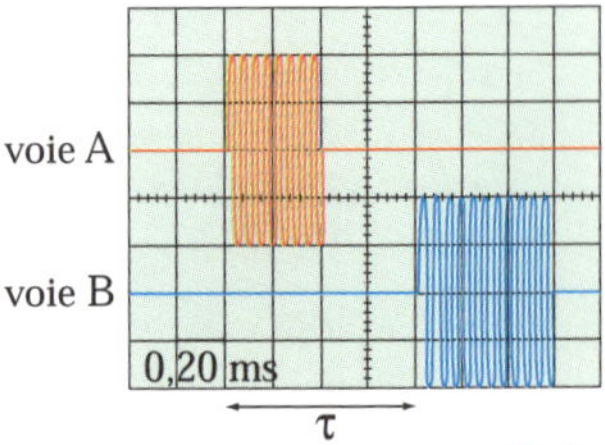

fig. 2

Application

1 Représenter, par des schémas, les phénomènes de propagation d'une onde longitudinale de compression le long d'un ressort et d'un signal transversal le long d'une corde.

2 La distance entre les deux microphones de l'exemple précédent est maintenant de 40 cm. Quel enregistrement obtient-on ?

10 ONDES MÉCANIQUES PROGRESSIVES PÉRIODIQUES

Rappel de cours

Onde mécanique progressive périodique

La perturbation est mécanique (déplacement de matière) et périodique (créée par un vibreur).

Elle se propage (l'onde n'est pas stationnaire – terme défini en enseignement de spécialité – elle progresse).

Période *T* et fréquence *f* de l'onde

Ce sont celles de la perturbation à laquelle est soumis un point quelconque du milieu :

$$T = \frac{1}{f} \quad \text{ou} \quad f = \frac{1}{T}$$

(T en s et f en hertz (Hz)).

Cas particulier des ondes sinusoïdales

La longueur d'onde λ rend compte de la périodicité spatiale de l'onde sinusoïdale. C'est la plus petite distance séparant deux points du milieu situés sur la même direction de propagation et se trouvant toujours dans le même état.

• La périodicité temporelle (période T en s) et la périodicité spatiale (longueur d'onde λ en m) sont liées. Si la vitesse de propagation de l'onde dans le milieu est v (en $m \cdot s^{-1}$), on a :

$$\lambda = vT \quad \text{ou} \quad \lambda = \frac{v}{f}$$

Méthode

Reconnaître une onde mécanique progressive périodique

Exemple : On observe la chute de gouttes d'eau sur un bassin dont la surface de l'eau est absolument plane : des rides se propagent à la surface. À quelle condition y a-t-il propagation d'une onde mécanique progressive périodique ?

• Revenir aux définitions.

– Onde mécanique : déplacement de matière sans transport de matière. C'est bien le cas (un bouchon sur l'eau se soulève au passage de la ride, puis reprend sa place).

– Onde progressive : c'est aussi le cas car *les rides se propagent*.

– Onde périodique : le déplacement vertical d'un point de l'eau (grandeur qui décrit la perturbation) doit être une fonction périodique du temps. Ce n'est le cas que s'il y a chute des gouttes à intervalles de temps identiques (perturbation périodique).

Comprendre et interpréter la relation $\lambda = vT$ ou $\lambda = \frac{v}{f}$

• T et f sont des grandeurs indépendantes du milieu de propagation. La période est la plus petite durée au bout de laquelle la perturbation subie par la source se reproduit identiquement à elle-même.
T et f sont des *caractéristiques intrinsèques* de l'onde.

• λ est la distance parcourue par l'onde pendant une durée égale à T. Cette distance est une fonction croissante de v et dépend donc de la nature du milieu de propagation.

Application

1 Un vibreur crée une onde sinusoïdale de fréquence $f = 100$ Hz qui se propage le long d'une corde à la célérité $v_c = 15 \text{ m} \cdot \text{s}^{-1}$.

Ce vibreur est utilisé pour réaliser une sonnette.
Comparer les fréquences caractéristiques f_{air} et f_{corde} de l'onde qui se propage le long de la corde ainsi que les longueurs d'onde λ_{air} et λ_{corde} ($v_{\text{air}} = 3{,}4 \cdot 10^2 \text{ m} \cdot \text{s}^{-1}$).

2 Une onde se propage dans une cuve à onde dont la profondeur p est plus faible à droite ($p_2 < p_1$).

D'après le schéma, la période de l'onde T est-elle plus petite ou plus grande dans la partie droite de la cuve ? Qu'en est-il de la célérité ?

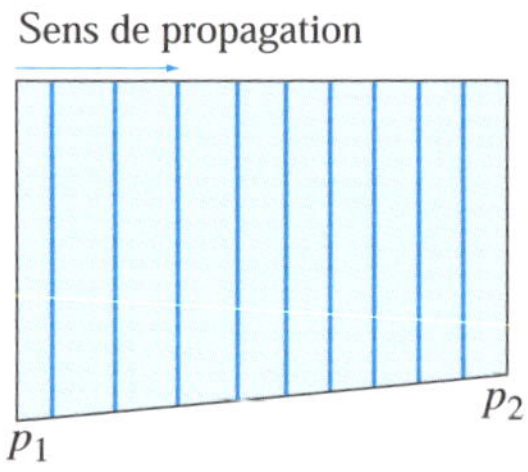

Rappel de cours

Mises en évidence du phénomène

• ***Cuve à onde :*** Perturbée par un obstacle présentant une ouverture, une onde rectiligne peut être diffractée : elle donne naissance, après l'obstacle, à une onde circulaire, centrée sur l'ouverture, lorsque celle-ci est « assez petite » (fig. 1).

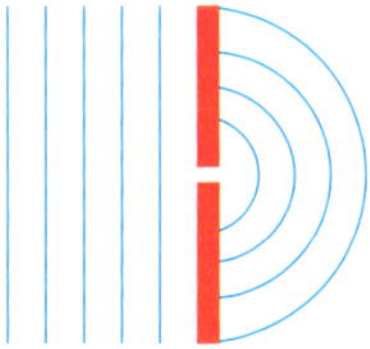

fig. 1 Onde diffractée dans une cuve à onde

• ***Lumière :*** Si on interpose devant un faisceau laser divers obstacles, on observe des figures à l'éclairement non uniforme (figures de diffraction).

Cas de la diffraction de la lumière par une fente ou un fil (fig. 2)

La figure de diffraction est perpendiculaire à la fente.

On montre expérimentalement que : $\theta = \frac{\lambda}{a}$.

θ : écart angulaire entre le milieu de la tache centrale et la première extinction (« centre » de la première zone sombre) ;

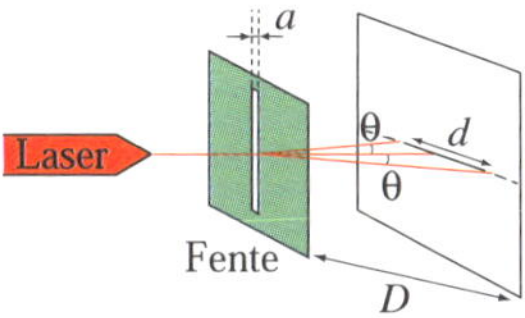

fig. 2

a : la largeur de la fente ou le diamètre du fil, en mètre (m).

On a : $\theta \approx \frac{d}{D}$ (d et D en m et θ en rad).

Méthode

Mémoriser la relation $\theta = \frac{\lambda}{a}$

• La grandeur θ mesure l'importance du phénomène de diffraction (ouverture du faisceau après la fente) qui peut être évalué en comparant les deux longueurs a et λ.

• Un angle est sans dimension (même si on divise un cercle en 360 ou en 2 π parts), mais il a une unité : le radian (rad).

θ, égal au rapport des deux grandeurs caractéristiques de l'expérience (a et λ), est bien sans dimension.

• Le phénomène de diffraction est d'autant plus important que l'ouverture ou l'obstacle est petit(e) : a est au dénominateur.

Reconnaître et interpréter une expérience de diffraction

• S'interroger : y a-t-il changement de milieu ?

Si la réponse est oui, il ne s'agit pas de diffraction : ce peut être un changement de longueur d'onde dans une zone où la profondeur de la cuve à onde est différente ou, pour la lumière, une réfraction à la surface de séparation entre deux milieux.

Si la réponse est non, savoir que le phénomène est observable :

– dans le cas d'une ouverture ou d'un obstacle (c'est pourquoi on peut entendre une personne placée derrière un pilier) ;

– lorsque la dimension de l'ouverture ou de l'obstacle rencontré par l'onde est de l'ordre de grandeur de la longueur d'onde.

• Connaître les caractéristiques du phénomène de diffraction pour analyser un document :

– le phénomène est d'autant plus marqué que l'ouverture ou l'obstacle sont plus petits ;

– lorsque l'ouverture ou l'obstacle ne délimitent pas deux milieux de propagation différents, la longueur d'onde de l'onde diffractée est la même que celle de l'onde incidente.

Application

On éclaire un cheveu de diamètre inconnu d avec un stylo laser qui émet un fin pinceau de lumière de longueur d'onde $\lambda = 543$ nm.

On observe, sur un écran placé à la distance $D = 1$ m du cheveu, une figure de diffraction dont la largeur de la tache centrale est $l = 1{,}4$ cm.

Montrer que $l = \dfrac{2\lambda D}{d}$, puis calculer d.

Rappel de cours

Caractérisation d'une radiation monochromatique

On observe des phénomènes de diffraction de la lumière : la lumière est une onde.
On caractérise une radiation lumineuse par sa fréquence f qui conserve la même valeur dans tout milieu de propagation.

Lumière polychromatique

Une lumière polychromatique, superposition d'un nombre fini ou infini de radiations monochromatiques, est décomposable.

Célérité *v* de la lumière (notée *c* dans le vide)

• Dans le vide, toutes les radiations lumineuses se propagent avec la même célérité, notée c. On retient : $c \approx 3{,}00 \cdot 10^8\ \text{m} \cdot \text{s}^{-1}$.

• Dans les autres milieux transparents (verre, gaz, Plexiglas®,...), la célérité de la lumière sera notée v (en $\text{m} \cdot \text{s}^{-1}$).
On a toujours : $v \leqslant c$.

Indice *n* d'un milieu transparent

Par définition, $n = \frac{c}{v}$ (sans dimension).

On a toujours $n \geqslant 1$. On retient : $n_{\text{vide}} = 1$ et $n_{\text{air}} \approx 1$.

Longueur d'onde d'une radiation lumineuse

On définit : $\lambda = \frac{v}{f} = \frac{c}{nf}$ (λ en m ; v et c en $\text{m} \cdot \text{s}^{-1}$; f en Hz).

λ dépend de v et dépend donc du milieu de propagation.

Méthode

Distinguer lumières monochromatique et polychromatique

Exemple : Le magenta (rose) des photographes est obtenu par les éclairagistes en superposant des lumières colorées rouge et bleue. Peut-on trouver un corps qui émette une radiation monochromatique de couleur magenta ?

Revenir à la correspondance entre couleur et fréquence (ou couleur et longueur d'onde *dans le vide*) :

$f (\times 10^{14}$ Hz)	4,00	4,92	5,08	5,26	6,00	6,66	7,50
couleur	rouge	orangé	jaune	vert	bleu	violet	

Le magenta résulte de la superposition des couleurs rouge et bleue qui, dans le spectre, ne sont pas contiguës : une lumière magenta ne peut être monochromatique (pas de magenta dans l'arc-en-ciel).

Calculer une longueur d'onde à partir de la relation $\lambda = \frac{c}{f}$

Exemple : Retrouver, à partir du tableau ci-dessus, les limites connues :

$$\lambda_{IR} > 750 \text{ nm} \quad \text{et} \quad \lambda_{UV} < 400 \text{ nm}.$$

Pour la limite des IR : $\lambda = \frac{c}{f} = \frac{3{,}00 \cdot 10^8}{4{,}00 \cdot 10^{14}} = 750 \cdot 10^{-9}$ m.

Pour la limite des UV : $\lambda = \frac{c}{f} = \frac{3{,}00 \cdot 10^8}{7{,}50 \cdot 10^{14}} = 400 \cdot 10^{-9}$ m.

Application

1 Donner un exemple de lampe émettant :

– une lumière monochromatique ;

– une lumière polychromatique composée d'un nombre fini de radiations monochromatiques ;

– une lumière polychromatique composée d'un nombre infini de radiations monochromatiques.

2 L'indice du Plexiglas® est $n = 1{,}50$.

a. Rappeler pourquoi l'indice n est toujours supérieur ou égal à 1 et pourquoi il n'a pas d'unité.

b. Rappeler, en donnant les valeurs limites des longueurs d'onde, quelles sont les frontières du domaine visible dans le vide.

c. Calculer les valeurs des longueurs d'onde qui délimitent le domaine visible dans le Plexiglas®.

Rappel de cours

Milieux dispersifs

Ce sont des milieux dans lesquels la célérité v de l'onde dépend de sa fréquence.

Exemples :

- Ondes mécaniques : eau d'une cuve à onde.
- Ondes lumineuses : verre « flint » (l'indice $n = \frac{c}{v}$ dépend de la fréquence des radiations).

Dispersion de la lumière

Si l'indice du milieu (2) varie avec la fréquence, un rayon incident polychromatique donne plusieurs rayons réfractés (**fig. 1**) :

Cas où $n_2 > n_1$

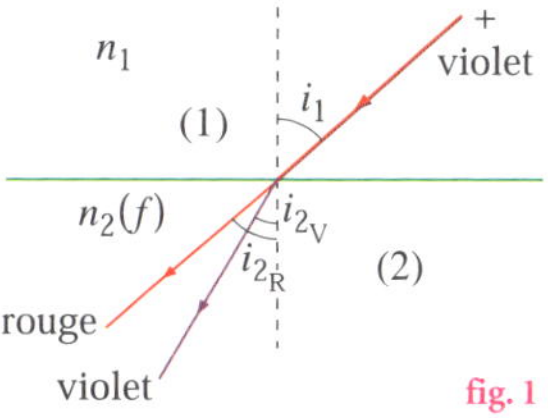

fig. 1

D'après la 2e loi de Descartes :

$n_1 \sin i_1 = n_{2R} \sin i_{2R}$

$n_1 \sin i_1 = n_{2V} \sin i_{2V}$

- Un prisme qui présente deux surfaces où se produit la réfraction augmente l'importance du phénomène de dispersion.
- L'indice des prismes du laboratoire est fonction croissante de la fréquence : les violets, de fréquences plus élevées (et de longueurs d'onde plus courtes), sont les plus déviés.

Méthode

Expliciter un montage de dispersion par un prisme

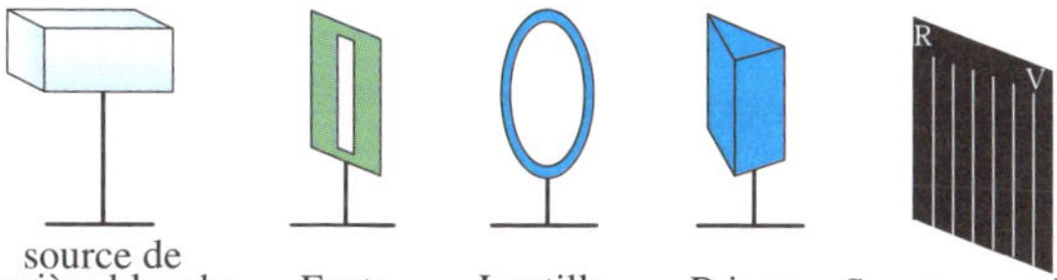

La lentille forme l'image de la fente sur l'écran.
On interpose le prisme : apparaît alors une infinité d'images de la fente formant un spectre continu.

Reconnaître un phénomène de dispersion

On fait varier la fréquence f du vibreur d'une cuve à onde et on mesure les longueurs d'onde λ observées :

λ (mm)	7,3	6,0	5,2	4,7	4,2	3,9
f (Hz)	30	40	50	60	70	80

Le milieu est-il dispersif ?
On raisonne à partir de la définition : $\lambda = \frac{v}{f}$.
Si le milieu n'est pas dispersif, v ne dépend pas de f ; v est une constante, donc $v = \lambda f$ est constante.
On calcule le produit λf :

f (Hz)	30	40	50	60	70	80
$v = \lambda f$ ($cm \cdot s^{-1}$)	22	24	26	28	29	31

Attention : v est exprimée en $cm \cdot s^{-1}$ (2 C.S.) ; on peut aussi écrire $2{,}2 \cdot 10^2$ $mm \cdot s^{-1}$, etc.
Le produit λf n'est pas constant. La célérité de l'onde est une fonction croissante de sa fréquence : le milieu est dispersif.

Application

1 Qu'est-ce qu'un milieu non dispersif ?

2 La lumière peut-elle être dispersée dans le vide ?

3 Le magenta des éclairagistes obtenu par superposition des lumières émises par un projecteur rouge et un projecteur bleu est-il la superposition de deux radiations monochromatiques ? (On pourra s'interroger sur la nature des spectres des lumières rouge et bleue émises par les projecteurs.)

Énoncé 1

Avec un dispositif qui engendre sur l'eau d'une cuve une onde progressive sinusoïdale, on réalise deux expériences (fig. 1 et 2) :

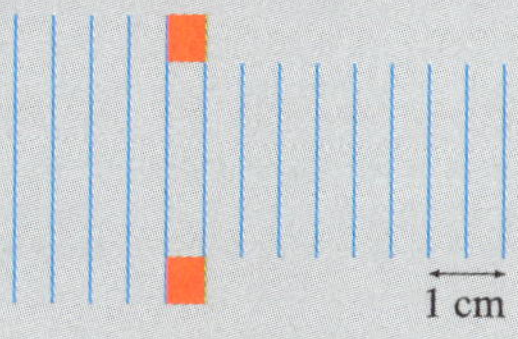

fig. 1

fig. 2

1 Peut-on illustrer, à partir des figures 1 et 2 les termes : longitudinal, transversal, circulaire, rectiligne ?

2 Évaluer, pour chacun des documents, la taille de l'obstacle.

3 Peut-on déduire des données :
- les longueurs d'onde avant et après l'obstacle ?
- la fréquence du vibreur ?
- la célérité des ondes avant et après l'obstacle ?

4 Calculer, le cas échéant, les valeurs prises par ces grandeurs.

5 Quelles caractéristiques du phénomène de diffraction peut-on dégager à partir des deux documents (fig. 1 et 2) ?

Indications

1 Rappeler les définitions. Les termes s'opposent deux à deux : ainsi une onde longitudinale ne peut être transversale. Sur la fig. 2, l'ouverture modifie une des caractéristiques de l'onde.

2 La question est simple : il suffit d'utiliser l'échelle.

3 λ correspond à la distance entre deux lignes. Pour les autres grandeurs, interpréter la relation $\lambda = \frac{v}{f}$.

4 On améliore la précision en mesurant plusieurs λ.

5 Se rappeler le cours et l'illustrer chaque fois que possible.

Énoncé 2

On place une fine fente de largeur $a = 50\ \mu m$ sur le trajet d'un pinceau de lumière rouge ($\lambda = 643$ nm) émis par un laser (fig. 1). Une figure de diffraction est observable sur un écran situé à la distance $D = 1{,}00$ m de la fente (fig. 2).

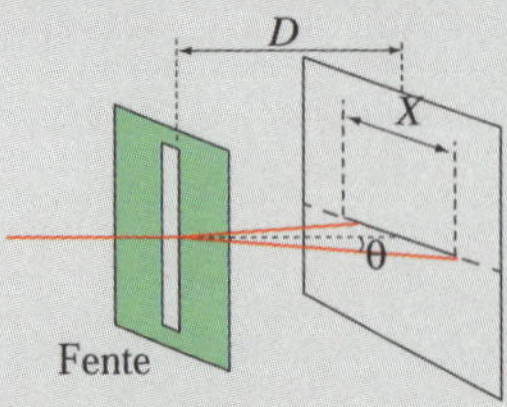

fig. 1

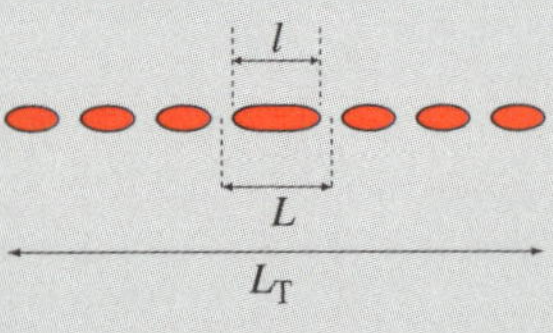

fig. 2

1 La longueur X qu'il est pertinent de mesurer sur l'écran est-elle l, L ou L_T ?

2 Exprimer θ ($\theta < 5°$) en fonction de X et D.

3 Que représente a dans la relation $\theta = \frac{\lambda}{a}$?

4 Exprimer X en fonction de D, a et λ. Calculer X.

5 Quelle est la valeur X' de X, si on utilise un laser de couleur verte ($\lambda' = 543$ nm) ?

6 On utilise une source de lumière blanche. Décrire et interpréter qualitativement la figure observée sur l'écran.

7 Expliquer pourquoi la couleur magenta (bleu + rouge des photographes) est parfois observée.

Indications

1 Noter que le schéma définit l'écart angulaire.

2 Pour de petits angles ($\theta < 5°$) : $\tan\theta \approx \theta$ et $\sin\theta \approx \theta$.

3 Reconnaître une question de cours (▶ Fiche 11).

4 Exprimer toutes les longueurs dans la même unité (▶ Fiche 1).

5 Conclure en comparant X' à X.

6 et **7** Interpréter la figure irisée comme étant la superposition de plusieurs figures de diffraction.

Rappel de cours

Écriture ${}^{A}_{Z}X$, symbole du noyau

A : nombre de nucléons (protons et neutrons) ou nombre de masse.
Z : nombre de protons ou numéro atomique ou nombre de charge.
N : nombre de neutrons ($N = A - Z$).

Isotopes

Noyaux ayant le même nombre Z mais un nombre A différent. Ces noyaux correspondent au même élément. Ex : ${}^{12}_{6}C$ et ${}^{14}_{6}C$.

Radioactivité

Un noyau est dit radioactif quand il a tendance à se désintégrer. Dans le cas contraire, il est dit stable et non radioactif. Lorsqu'un noyau radioactif existe dans la nature (carbone 14), on parle de radioactivité naturelle. S'il est obtenu artificiellement (azote 13), on parle de radioactivité artificielle.

Conservation de la charge et de la masse

L'équation d'une réaction nucléaire traduit la conservation de la charge et la conservation de la masse.

- ***Radioactivité α :*** ${}^{A}_{Z}X \longrightarrow {}^{4}_{2}He + {}^{A-4}_{Z-2}Y$

Les noyaux d'hélium ${}^{4}_{2}He$, particules α, sont aussi notés ${}^{4}_{2}\alpha$.

- ***Radioactivité β⁻ :*** ${}^{A}_{Z}X \longrightarrow {}^{0}_{-1}e + {}_{Z+1}^{A}Y^{*}$

Émission d'électrons (notés ${}^{0}_{-1}e$).
Le noyau fils Y^{*} excité est un émetteur γ.

- ***Radioactivité β⁺ :*** ${}^{A}_{Z}X \longrightarrow {}^{0}_{+1}e + {}_{Z-1}^{A}Y^{*}$

Émission de positons (notés ${}^{0}_{+1}e$). Le noyau fils excité Y^{*} est un émetteur γ. On n'observe pas de radioactivité β^{+} naturelle.

- ***Radioactivité γ :*** $Y^{*} \longrightarrow Y + \gamma$

Désexcitation d'un noyau fils.

Méthode

Retenir les différentes appellations de *A* et *Z*

• Dans le tableau périodique, les éléments sont classés selon Z croissant, d'où l'appellation « numéro atomique ».

Exemple : Le huitième élément est l'oxygène ($Z = 8$).

• Les neutrons ne sont pas chargés. La charge du noyau vaut Z fois la charge élémentaire e. Z est le « nombre de charge ».

• A est aussi appelé nombre de masse : en effet, la masse du proton est pratiquement égale à celle du neutron.
Si m_{n} est la masse d'un nucléon, la masse du noyau vaut environ Am_{n}. En « unité de masse atomique » (▶ Fiche 18) la valeur de la masse du noyau est quasi égale à A.

Connaître et utiliser les lois de conservation de la charge et du nombre de nucléons

Exemple : Désintégration du bismuth ($^{212}_{83}\mathrm{Bi}$) ; émetteur α.

• Écrire le symbole de la particule émise (ici $^{4}_{2}\mathrm{He}$ aussi noté $^{4}_{2}\alpha$).

• Écrire l'ossature de l'équation :

$$^{212}_{83}\mathrm{Bi} \longrightarrow {}^{4}_{2}\mathrm{He} + {}^{\cdots}_{\cdots}\mathrm{X}$$

• Utiliser les lois de conservation (A et Z) :

$$^{212}_{83}\mathrm{Bi} \longrightarrow {}^{4}_{2}\mathrm{He} + {}^{212-4}_{83-2}\mathrm{X} \quad \text{soit} \quad {}^{212}_{83}\mathrm{Bi} \longrightarrow {}^{4}_{2}\mathrm{He} + {}^{208}_{81}\mathrm{X}$$

• Rechercher dans le tableau périodique le nom du noyau fils.
$Z = 81$ correspond au thallium (Tl).

On a finalement : $^{212}_{83}\mathrm{Bi} \longrightarrow {}^{4}_{2}\mathrm{He} + {}^{208}_{81}\mathrm{Tl}$.

Application

1 On forme avec le noyau $^{2}_{1}\mathrm{D}$, appelé deutérium, une molécule célèbre , l'« eau lourde ».
Écrire la formule de la molécule et justifier son appellation.

2 Compléter les équations, puis identifier le type de radioactivité :

a. $^{137}_{55}\mathrm{Cs} \longrightarrow \ldots + {}^{137}_{56}\ldots^{*}$ **b.** $^{137}_{56}\ldots^{*} \longrightarrow {}^{137}_{56}\ldots + \ldots$

16 DIAGRAMME (N, Z)

Rappel de cours

Diagramme (N, Z) (fig. 1)

– Pour Z petit, les noyaux stables se situent quasiment sur la droite $N = Z$ (même nombre de protons que de neutrons).

– Quand Z augmente, on constate que $N > Z$ pour les noyaux stables.

– Pour $N > 130$, les noyaux sont tous instables.

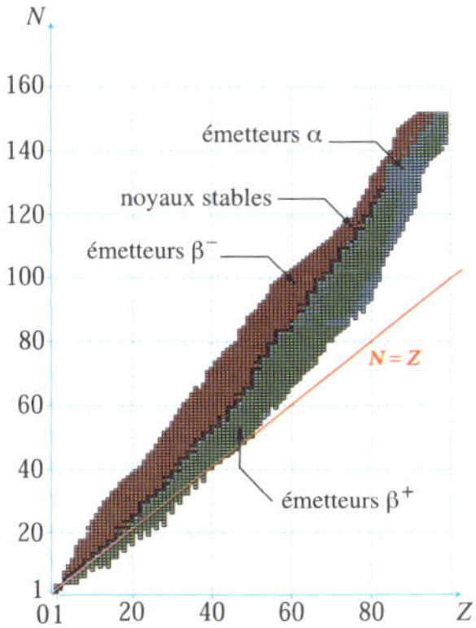

– Pour Z petit, les noyaux stables se situent quasiment sur la droite $N = Z$ (en rouge), même nombre de protons que de neutrons.

Représentation des différents types de radioactivité (fig. 2)

• ***Radioactivité* α**

A (élevé, car noyaux « lourds ») diminue de 4 unités ;
Z diminue de 2, donc N diminue de 2 unités.

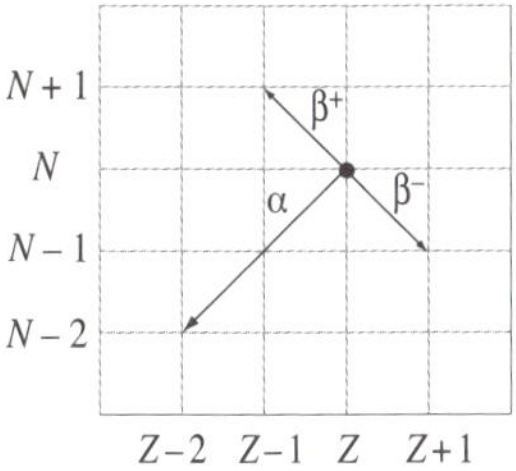

• ***Radioactivité* β^-**

Excès de neutrons : N diminue de 1 unité et Z augmente de 1.

• ***Radioactivité* β^+**

Excès de protons : N augmente de 1 unité et Z diminue de 1.

Attention : On utilise parfois d'autres diagrammes : (A, Z), etc.

Les flèches qui représentent les différents type de radioactivité peuvent alors être orientées différemment.

Méthode

Justifier le type de désintégration

Exemple :

Le césium 137 se désintègre en baryum 137 et le radium 226 se désintègre en radon 222.

• Il faut commenter le phénomène à partir du diagramme et non de l'équation ; on commence donc par positionner les noyaux.

• Pour placer les noyaux sur le diagramme, il faut :
– rechercher les numéros atomiques :
Cs : $Z = 55$; Ba : $Z = 56$; Ra : $Z = 88$; Rn : $Z = 86$;
– calculer $N = A - Z$:
Cs : $N = 82$; Ba : $N = 81$; Ra : $N = 138$; Rn : $N = 136$.

• On interprète la position du noyau de césium 137 :
– il est « au-dessus » de la zone des noyaux stables, tandis que le baryum est « plus bas » ; il s'agit de radioactivité β^- ;
– on peut ensuite vérifier que l'équation ${}^{137}_{55}\text{Cs} \longrightarrow {}^{0}_{-1}\text{e} + {}^{137}_{56}\text{Ba}$ correspond à l'émission d'un électron.

• On interprète la position du noyau de radium 226 : il est dans la zone d'instabilité des noyaux « lourds » correspondant à $N > 130$; il est émetteur α.

Application

1 a. Comment des isotopes se trouvent-ils placés les uns par rapport aux autres dans un diagramme (N, Z) ?
b. Ont-ils tous les mêmes propriétés nucléaires ?
On pourra donner un exemple.

2 Nommer, à partir du diagramme, les désintégrations :
a. du chlore 36 en argon 36 ;
b. de l'azote 13 en carbone 13.

3 Représenter, par une flèche, une désintégration β^- dans un diagramme (A, Z).

17 LOI DE DÉCROISSANCE RADIOACTIVE

Rappel de cours

Activité

Si ΔN est le nombre de désintégrations observables pendant la durée Δt de l'observation, l'activité de la source radioactive est :

$A = \dfrac{\Delta N}{\Delta t}$ (A est en becquerel (ou Bq) et toujours positif)

1 Bq correspond à 1 désintégration par seconde.
On écrit $|\Delta N|$ si ΔN représente la variation (négative) du nombre de noyaux de la population (voir Méthode).

Relation $\Delta N = -\lambda N \Delta t$ (1)

• La population $N(t)$ de noyaux diminue. La variation du nombre de noyaux pendant la durée Δt est :

$$\Delta N = N(t + \Delta t) - N(t).$$

• ΔN, opposé du nombre de noyaux désintégrés pendant la durée Δt, est proportionnel au nombre $N(t)$ de noyaux radioactifs non encore désintégrés à l'instant t ; on a $\Delta N < 0$.

Loi de décroissance radioactive $N = N_0 \, e^{-\lambda t}$ (2)

L'égalité (2) est obtenue à partir de l'équation différentielle (1) (▶ Fiche 3).
On définit la constante de temps $\tau : \tau = \dfrac{1}{\lambda}$ (τ en s et λ en s^{-1}) et la demi-vie $t_{1/2}$, durée au bout de laquelle la moitié d'une population macroscopique de noyaux radioactifs donnée a disparu.
On montre que : $t_{1/2} = \dfrac{\ln 2}{\lambda} = \tau \ln 2$ (▶ Fiches 5 à 7).

Méthode

Comprendre et interpréter le cours

• ΔN est-il positif ou négatif ? On définit deux ΔN.
– Pour définir l'activité et le becquerel, on introduit ΔN, nombre de désintégrations observables pendant Δt ($\Delta N > 0$).
– Dans (1), $\Delta N = N(t + \Delta t) - N(t)$ correspond à la variation du nombre de noyaux. La population décroît, ΔN est négatif.

L'activité $A(t)$ doit alors, dans ce dernier cas, être définie comme $-\frac{\Delta N}{\Delta t}$ ou $\frac{|\Delta N|}{\Delta t}$ pour être positive.

• Quelle relation y a-t-il entre N et A ? (Cas où $\Delta N < 0$.)

$\Delta N = -\lambda N \Delta t$ et $A = -\frac{\Delta N}{\Delta t}$ donc $A(t) = \lambda N(t)$.

L'activité est proportionnelle au nombre de noyaux non encore désintégrés : plus la population est nombreuse, plus on observe de désintégrations par unité de temps et réciproquement.

Si l'intervalle de temps Δt tend vers 0, $A(t)$ est par définition l'opposé de la dérivée de $N(t)$ par rapport au temps :

$$A(t) = -\frac{\mathrm{d}N}{\mathrm{d}t}.$$

• Les comptages permettent-ils de déterminer N ou A ?

– On détermine l'activité A à partir de la valeur la plus probable du nombre ΔN de désintégrations observées pendant Δt.

– Si on connaît $t_{1/2}$, on peut en déduire λ et calculer $N(t)$, nombre de noyaux non encore désintégrés.

Construire rapidement les courbes $N = f(t)$ ou $A = f(t)$

On utilise la définition de $t_{1/2}$.

$A(t)$ et $N(t)$ se déduisent l'une de l'autre ($A(t) = \lambda N(t)$ ou $N(t) = \frac{A(t)}{\lambda}$.

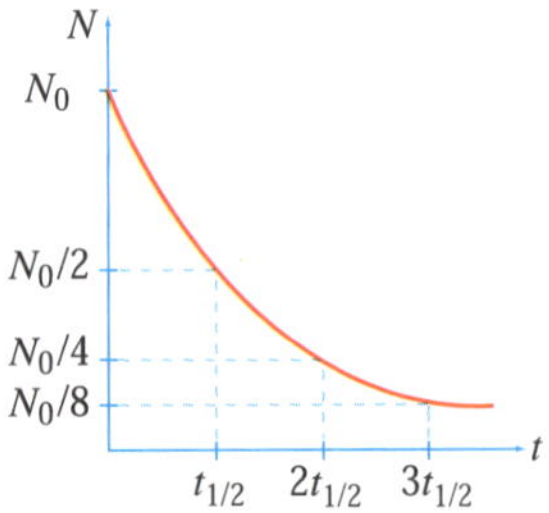

Application

1 Exprimer $N(\tau)$ et $A(\tau)$ en fonction de N_0 et t.

2 Exprimer en fonction de N_0 la variation ΔN du nombre de noyaux radioactifs entre les instants $t = 0$ et $t = t_{1/2}$.

3 Soit deux échantillons : l'un contenant à l'instant initial N_0 noyaux d'iode 131, l'autre N_0 noyaux de phosphore 32.

a. La demi-vie du phosphore 32 est $t_P = 14{,}2$ jours. Calculer λ_P.

b. Pour l'iode 131, $\lambda_I = 1{,}43 \cdot 10^{-6}\ \mathrm{s}^{-1}$. Calculer t_I en jours.

c. Tracer, sur le même graphe, l'évolution des populations N_P et N_I de noyaux radioactifs des deux échantillons.

18 NOYAUX, ÉQUIVALENCE MASSE-ÉNERGIE

Rappel de cours

Défaut de masse pour un noyau $^{A}_{Z}X$ de masse m

On constate que : $m < Z\,m_p + (A - Z)\,m_n$.

On appelle **défaut de masse** :

$$\Delta m = Z m_p + (A - Z)\, m_n - m.$$

Masses et défauts de masse s'expriment en kilogramme (kg).

Énergie de liaison du noyau

• Pour dissocier un noyau au repos en nucléons isolés et immobiles, il faut fournir l'énergie E_ℓ appelée **énergie de liaison.**

On constate que $E_\ell = \Delta m \cdot c^2$

• On définit l'**énergie au repos** du noyau (ou **énergie de masse**) :

$$E_0 = m \cdot c^2$$

(m en kg ; c en $m \cdot s^{-1}$; E en J)

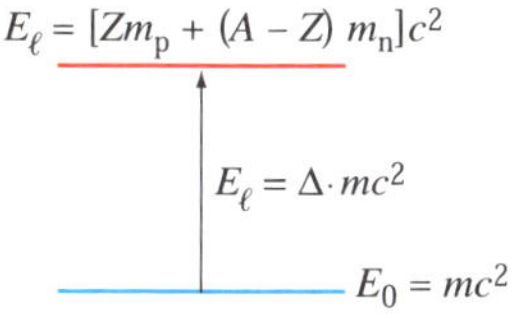

• E_ℓ s'exprime, pour le noyau, en MeV plutôt qu'en joule :

$$1\ \text{eV} = 1{,}6 \cdot 10^{-19}\ \text{J} \quad \text{et} \quad 1\ \text{MeV} = 10^6\ \text{eV}$$

Énergie de liaison par nucléon ou par électron

– Énergie de liaison par nucléon : énergie à fournir au noyau pour lui arracher un nucléon : E_ℓ / A (ordre de grandeur : MeV/nucléon).

– Énergie de liaison d'un électron : énergie à fournir à l'atome pour lui arracher un électron (ordre de grandeur : eV/électron).

Méthode

Exemple :

Noyau d'hélium $^{4}_{2}He$ de masse $m_p = 1{,}672 \cdot 10^{-27}$ kg ;

$m_n = 1{,}674 \cdot 10^{-27}$ kg ; $c \approx 3{,}00 \cdot 10^8\ m \cdot s^{-1}$; $m = 6{,}64 \cdot 10^{-27}$ kg.

$\Delta m = [Z m_p + (A - Z)\, m_n] - m = 5{,}0 \cdot 10^{-29}$ kg.

Calculer une énergie de liaison

• Calculer le défaut de masse Δm :

$\Delta m = [Z m_p + (A - Z)\, m_n] - m = 5{,}2 \cdot 10^{-29}$ kg.

• Calculer E_ℓ : $E_\ell = \Delta m\, c^2 = 4{,}7 \cdot 10^{-12}$ J.

Calculer une énergie de masse en MeV

• Calculer l'énergie au repos $E = m c^2$ en joule (J).

$E_{He} = m c^2 = 6{,}64 \cdot 10^{-27} \times [3{,}00 \cdot 10^8]^2 = 5{,}98 \cdot 10^{-10}$ J.

• Convertir en eV, puis en MeV

$$E_{He} = m c^2 = \frac{6{,}64 \cdot 10^{-27} \times 3{,}00 \cdot 10^8}{1{,}6 \cdot 10^{-19}} = 3{,}73 \cdot 10^9 \text{ eV}.$$

$E_{He} = 3{,}73 \cdot 10^9$ eV $= 3{,}73 \cdot 10^3$ MeV.

Exprimer une masse en unités de masse atomique u

Par définition, la masse d'un atome de carbone 12 vaut exactement 12 u. Cette unité est « utilisable mais non exigée » en terminale, elle est donc toujours définie dans l'énoncé.

• Relier l'unité de masse atomique au gramme :

$m = 12{,}0$ g de carbone 12 contient par définition 1 mole de carbone 12. C'est la masse de $6{,}02 \cdot 10^{23}$ atomes de carbone 12. 12,0 (valeur en g) équivaut à $6{,}02 \cdot 10^{23} \times 12$ (valeur en u).

• Exprimer la masse du noyau d'hélium en unité de masse atomique :

kg	u
$12{,}0 \cdot 10^{-3}$	$6{,}02 \cdot 10^{23} \times 12$
$6{,}64 \cdot 10^{-27}$	?

$$m_{He} = \frac{6{,}02 \cdot 10^{23} \times 12 \times 6{,}64 \cdot 10^{-27}}{12{,}0 \cdot 10^{-3}} \approx 4{,}00 \text{ u (arrondi de 3,997).}$$

• Vérifier que la vaieur en u est à peu près égale à A (ici $A = 4$).

Application

1 Calculer en joule et en MeV l'énergie au repos de l'électron.

2 Calculer le défaut de masse du deutérium en kilogramme, puis son énergie de liaison en MeV ($m(^2_1\text{H}) = 3{,}343 \cdot 10^{-27}$ kg).

3 Calculer l'énergie de liaison du noyau d'hélium en MeV, puis l'énergie de liaison par nucléon ($m_{He} = 6{,}64 \cdot 10^{-27}$ kg).

19 COURBE D'ASTON, FISSION ET FUSION

Rappel de cours

■ Courbe d'Aston : $-\dfrac{E_\ell}{A} = f(A)$

Le zéro sur l'axe vertical correspond au nucléon isolé au repos. Le maximum de stabilité est observé autour de $A = 60$.

courbe d'Aston

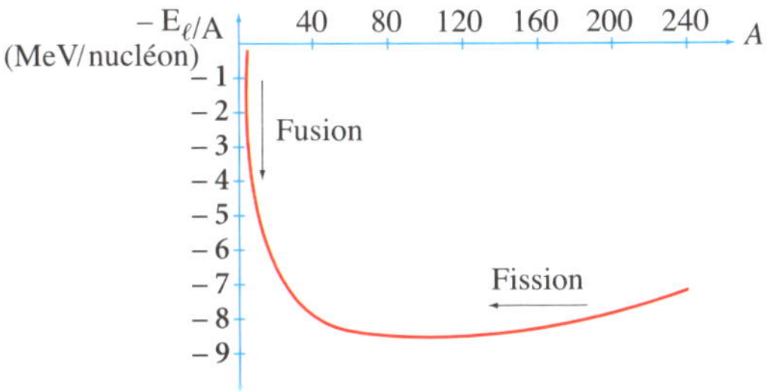

N.B. : La courbe n'est pas en réalité une ligne, mais un nuage de points.

On trace aussi la courbe d'équation $E_\ell / A = f(A)$ qui est la symétrique de la courbe d'Aston par rapport à l'axe horizontal.

■ Fusion et fission : aspect énergétique

• À condition d'amorcer les réactions, les noyaux peuvent fusionner ou fissionner pour former un (ou des) noyau(x) plus stable(s) dont l'énergie de liaison par nucléon est plus grande.

• Fission et fusion s'accompagnent d'une libération d'énergie (celle à fournir au système pour qu'il revienne à l'état initial).

Méthode

■ Écrire l'équation d'une réaction nucléaire (▶ Fiche 15)

• Respecter les lois de conservation :

$${}^{2}_{1}\mathrm{H} + {}^{3}_{1}\mathrm{H} \longrightarrow {}^{4}_{2}\mathrm{He} + {}^{1}_{0}\mathrm{n} \quad (A : 2 + 3 = 4 + 1 \ ; \ Z : 1 + 1 = 2).$$

• Savoir qu'une fission est généralement amorcée en utilisant un neutron comme projectile et que la réaction produit elle-même souvent des neutrons (réactions « en chaîne ») :

$$^{235}_{92}\mathrm{U} + {}^{1}_{0}\mathrm{n} \longrightarrow {}^{94}_{38}\mathrm{Sr} + {}^{140}_{54}\mathrm{Xe} + 2\,{}^{1}_{0}\mathrm{n}$$

Faire le bilan énergétique d'une réaction nucléaire

Exemple : $^{2}_{1}\mathrm{H} + {}^{3}_{1}\mathrm{H} \longrightarrow {}^{4}_{2}\mathrm{He} + {}^{1}_{0}\mathrm{n}$

• ***À partir des masses des noyaux :***

$m(^{2}_{1}\mathrm{H}) = 3{,}343 \cdot 10^{-27}$ kg ; $m(^{3}_{1}\mathrm{H}) = 5{,}006 \cdot 10^{-27}$ kg ;

$m(^{4}_{2}\mathrm{He}) = 6{,}643 \cdot 10^{-27}$ kg ; $m_{\mathrm{n}} = 1{,}675 \cdot 10^{-27}$ kg ;

– calculer la perte de masse $\Delta m = (\Sigma m_{\text{initiale}} - \Sigma m_{\text{finale}})$:

$\Delta m = (3{,}343 + 5{,}006 - 6{,}643 - 1{,}675) \cdot 10^{-27} = 3{,}1 \cdot 10^{-29}$ kg ;

– en déduire la perte d'énergie (énergie libérée et récupérée par l'extérieur) : $E = \Delta m\, c^2 = 2{,}8 \cdot 10^{-12}$ J ;

– convertir cette énergie en MeV :

$E = \Delta m\, c^2 = 2{,}8 \cdot 10^{-12}$ J $=$ **17,4 ≈ 17 MeV** (► Fiche 18).

• ***À partir des énergies au repos :*** $E = (\Sigma E_{\text{initiale}} - \Sigma E_{\text{finale}})$.

• ***À partir des énergies de liaison par nucléon :***

$E_\ell/A\,(^{2}_{1}\mathrm{H}) = 1{,}1$ MeV/nucléon ;

$E_\ell/A\,(^{3}_{1}\mathrm{H}) = 2{,}8$ MeV/nucléon ;

$E_\ell/A\,(^{4}_{2}\mathrm{He}) = 7{,}1$ MeV/nucléon ;

– revenir à l'énergie de liaison de chaque noyau $E_\ell = A\,(E_\ell/A)$;

– calculer $E = \Sigma A\,(E_\ell/A)_{\text{finale}} - \Sigma A\,(E_\ell/A)_{\text{initiale}}$:

$E = (4 \times 7{,}1) - (2 \times 1{,}1 + 3 \times 2{,}8) =$ **17,8 ≈ 18 MeV**.

Les deux méthodes donnent la même valeur à quelques pourcent près.

Application

1 Pourquoi ne tient-on pas compte, dans l'exemple ci-dessus, de l'énergie de liaison du neutron ? Que vaut $E_\ell/A\,(^{1}_{1}\mathrm{H})$?

2 Compléter : $^{235}_{92}\mathrm{U} + {}^{1}_{0}\mathrm{n} \longrightarrow {}^{91}_{36}\mathrm{Kr} + {}^{142}_{\dots}\dots + \dots\,{}^{1}_{0}\mathrm{n}$.

3 Interpréter cette réaction à l'aide de la courbe d'Aston.

Rappel de cours

Comprendre le principe de la méthode

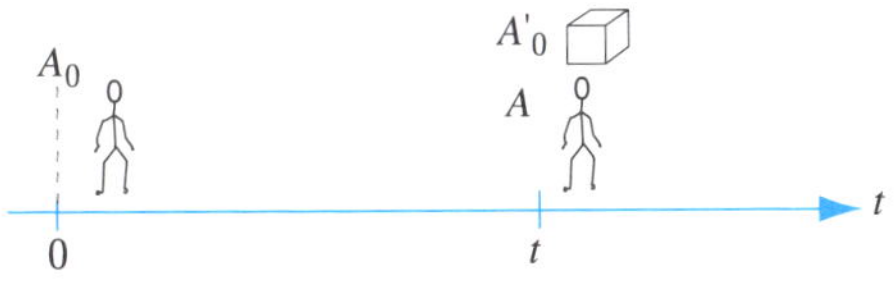

• On compare l'activité A d'une statuette à dater à l'activité A'_0 d'un échantillon « neuf » de même masse (fig. 1).

• Une hypothèse complémentaire permet de relier l'activité de l'échantillon « neuf » A'_0 à l'activité A_0 qui était celle de l'échantillon à dater à l'instant pris comme origine des temps.

Exemple : Rapport $^{14}C/^{12}C$ dans l'atmosphère indépendant du temps durant les 20 000 dernières années t donc : $A'_0 = A_0$.

Dater un échantillon

• Graphiquement : on trace N/N_0 ou $A/A_0 = e^{-\lambda t}$; on trace parfois aussi les droites d'équation :

$$\ln (N/N_0) = \ln (A/A_0) = -\lambda t.$$

• Par le calcul : $t = \dfrac{-\ln(N/N_0)}{\lambda}$.

Méthode

Mettre en œuvre les deux méthodes

Exemple : Quand une source de césium 137, dont l'activité est aujourd'hui de $2{,}8 \cdot 10^5$ Bq, a-t-elle été achetée ?
$t_{1/2} = 130$ ans et, au moment de l'achat, $A_0 = 3{,}7 \cdot 10^5$ Bq.

• ***Par le calcul*** (▶ Fiche 17) :

– Écrire l'expression de $A(t)$: $A(t) = A_0\, e^{-\lambda t}$ avec $\lambda = \ln 2 / t_{1/2}$.

– Établir l'expression littérale de t : $t = -\dfrac{\ln(A/A_0)}{\ln 2} \times t_{1/2}$.

– Faire l'application numérique (remarquer que la conversion en seconde est inutile, si $t_{1/2}$ est donné en année, t le sera aussi) :

$$t = -\frac{\ln(2{,}8/3{,}7) \times 130}{\ln 2} = \mathbf{52{,}3\ ans}.$$

• ***À partir de la courbe $A/A_0 = f(t)$*** (▶ Fiche 17) :

– Calculer A/A_0 à la date d'utilisation de la source :

$$\frac{A}{A_0} = \frac{2{,}8}{3{,}7} = 0{,}76.$$

– Lire la valeur de t correspondante (fig. 2) : la source a été achetée il y a **50 ans**.

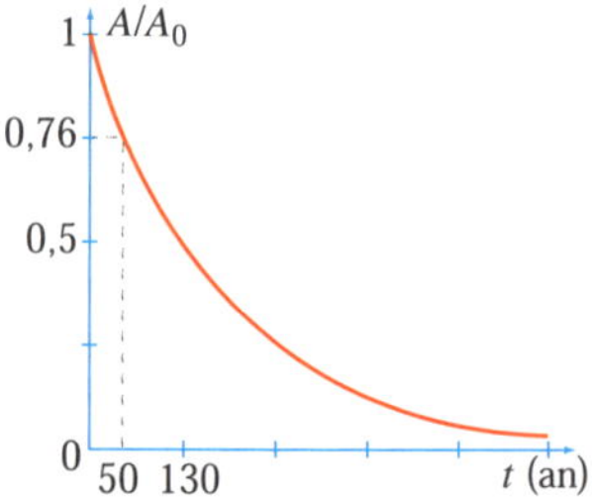

fig. 2

Répondre à une question qualitative

• Pourquoi ne peut-on pas dater par la méthode du carbone 14 un échantillon de bois datant de 30 000 ans ?

$A(t)$ est trop faible à des dates très supérieures à la demi-vie du radioélément utilisé (lorsque $t > 4t_{1/2}$).

Une petite incertitude sur la composition isotopique engendre alors, tant pour la méthode graphique que par le calcul, une trop grande incertitude Δt sur l'âge (fig. 3).

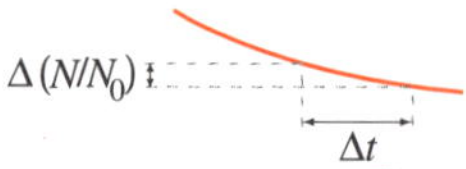

fig. 3

• La composition initiale isotopique de l'échantillon est-elle toujours égale à celle d'un échantillon considéré comme neuf au moment de la datation ?

Non. C'est le cas pour le carbone 14, mais la radiochronologie du rubidium et du strontium (utilisation en géologie) fait une autre hypothèse (voir le cours de SVT).

Application

1 Écrire l'équation de la réaction nucléaire qui traduit la régénération du carbone 14 par réaction des neutrons cosmiques avec des noyaux d'azote 14 (avec production de protons).

2 Pourquoi la méthode de datation par le carbone 14 n'est-elle applicable qu'à des matériaux d'origine végétale ou animale ?

21 TRANSFORMATIONS NUCLÉAIRES : EXERCICES DE SYNTHÈSE

Énoncé 1

Indiquer, dans chaque cas, la (ou les) proposition(s) exacte(s).

1 a. Les effets du rayonnement d'une source radioactive sur le corps humain ne dépendent que de l'activité de la source.
b. L'activité dépend de la quantité de matière observée.
c. La connaissance de l'activité d'une source ne suffit pas pour évaluer sa dangerosité.

2 a. La probabilité de désintégration augmente avec la pression.
b. La probabilité de désintégration diminue avec la température.

3 a. L'activité d'une source radioactive diminue au cours du temps.
b. L'activité $A(t)$ d'une source est proportionnelle au nombre de noyaux $N(t)$ non encore désintégrés dans la source.
c. $A(t)$ est la dérivée par rapport au temps de $N(t)$.

4 a. La demi-vie est indépendante de la taille de l'échantillon.
b. L'activité est une grandeur caractéristique du radioélément.
c. Un radioélément dont la demi-vie est grande est plus dangereux qu'un radioélément dont la demi-vie est plus courte.

5 a. Le comportement macroscopique d'une population de noyaux est parfaitement déterminé.
b. Plus le temps passe, plus la probabilité pour un noyau de se désintégrer est grande.

Indications

• Identifier les notions abordées et les chapitres concernés (radioactivité, activité, loi de décroissance) (▶ Fiches 15 et 17).
• Bien lire chacune des propositions (par exemple, au 1.a., « ne … que » est exclusif.
– Se méfier des fausses évidences (2.b. ; 4.c.).
– Revenir aux définitions (1.b. ; 4.a.) , aux lois (3.b.).
– Faire le lien avec le cours de mathématiques (5.).

Énoncé 2

À l'instant initial ($t = 0$ j), un échantillon radioactif contient une masse $m_0 = 0{,}010$ g de phosphore 32.

a. On donne la liste de quelques symboles chimiques associés à leur nombre Z : $_{12}Mg$; $_{13}Al$; $_{14}Si$; $_{15}P$; $_{16}S$; $_{17}Cl$; $_{18}Ar$.

Écrire l'équation de la désintégration du phosphore 32 (émetteur β^- dont la demie-vie est $t_{demi} = 14{,}2$ j).

b. On appelle N_0 le nombre de noyaux radioactifs présents à l'instant initial dans l'échantillon.

Donner l'expression de la loi d'évolution de la population $N(t)$ de noyaux en fonction de N_0 et de la constante de temps τ.

c. Établir l'expression de τ en fonction de t_{demi}.

d. La constante d'Avogadro vaut $N_A = 6{,}02 \cdot 10^{23}\ \text{mol}^{-1}$.

La masse atomique du phosphore 32 est $M = 32\ \text{g} \cdot \text{mol}^{-1}$. Exprimer N_0 en fonction de m.

e. Quelle relation simple lie l'activité $A(t)$ de la source à $N(t)$? Calculer l'activité A_0 de la source à l'instant initial.

f. Calculer à partir de l'expression du b. la valeur de $N(0) - N(1)$, nombre de noyaux qui se sont désintégrés durant la première seconde. Comparer au résultat de la question e.. Conclure.

Indications

a. Il y a émission d'un électron de symbole $_{-1}^{0}e$; appliquer les lois de conservation (► Fiche 15).

b. Utiliser les notations de l'énoncé (τ et non λ) (► Fiche 3).

c. *Établir* signifie *démontrer*. Utiliser la définition de t_{demi}.

d. Utiliser la relation du cours de chimie $n = m/M$. Le nombre N_0 n'a pas d'unité.

e. Exprimer la demi-vie dans l'unité correcte : la seconde.

f. Revenir à la définition de l'activité.

22 DIPÔLE (*R*, *C*)

Rappel de cours

Convention récepteur

Le circuit étant orienté (fig. 1) :

- q est la charge portée par l'armature sur laquelle « arrive » le courant ;
- i est positif lorsque le courant passe dans le sens de la flèche ;
- dq est positive lors de la charge (si $i > 0$), négative lors de la décharge.

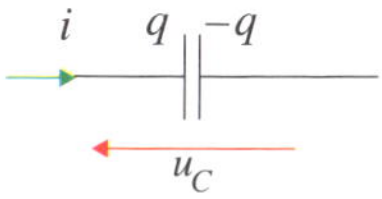

$$i = \frac{dq}{dt} \qquad (1)$$

i en ampère (A)
q en coulomb (C)

fig. 1

Capacité C d'un condensateur

À chaque instant, q est proportionnelle à la tension u_C :

$$q(t) = C\,u_C(t) \qquad (2)$$

C, capacité du condensateur, en farad (F) ; u_C, en volt (V).
E_C est l'énergie emmagasinée dans le condensateur :

$$E_C = \frac{1}{2}\,C\,{u_C}^2 = \frac{q^2}{2\,C} = \frac{1}{2}\,q u_C \text{ (unité : le joule (J)).}$$

Ni la charge ni la décharge d'un condensateur ne sont instantanées.

Méthode

Utiliser la convention récepteur

- En convention récepteur, les bilans énergétiques sont effectués du point de vue du condensateur : le condensateur se charge ($dq > 0$) lorsque i est positif. La figure 1 est à mémoriser.
- Pour écrire des relations du type (1) ou (2), se ramener à la figure 1.

Exemple : La figure 2 ne correspond pas à la situation du cours.

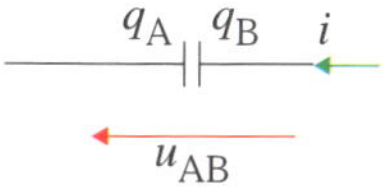

fig. 2

– On repère la plaque chargée positivement, c'est-à-dire celle vers laquelle est dirigé un courant orienté dans le sens positif. C'est ici B (q_B joue le rôle de q dans le cours) : $i = \dfrac{dq_B}{dt}$.

– La tension est comptée positivement lorsqu'elle pointe vers la plaque positive (ou lorsqu'elle est de sens opposé au courant positif) (fig. 3) :

$$q_B = C\,u_C = -\,C\,u_{AB}.$$

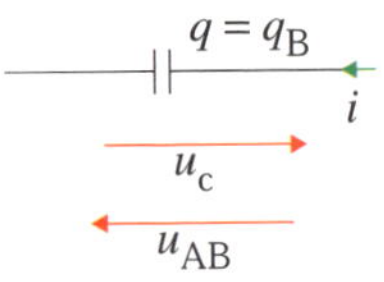

fig. 3

Calculer l'énergie emmagasinée par un condensateur

Exemple : Un condensateur (C = 0,5 μF) est chargé sous une tension constante U = 4,0 V à travers un conducteur ohmique (R = 500 Ω). Calculer sa charge, puis l'énergie emmagasinée.

– On applique la relation $Q = CU$:

$Q = 0{,}5 \cdot 10^{-6} \times 4{,}0 = 2 \cdot 10^{-6}$ C ; **Q = 2 μC.**

– On applique la relation $E = \dfrac{1}{2}\,CU^2$:

$E = \dfrac{1}{2} \times 0{,}5 \cdot 10^{-6} \times (4{,}0)^2 = 4 \cdot 10^{-6}$ J ; **E = 4 μJ.**

Remarque : La donnée de la valeur de la résistance est inutile ; R ne modifie que la durée de la charge, pas la valeur finale de la charge (► Fiche 23).

Application

1 En convention récepteur, quelles relations peut-on écrire entre q, u et i dans chacun des trois cas de la figure 4 ?

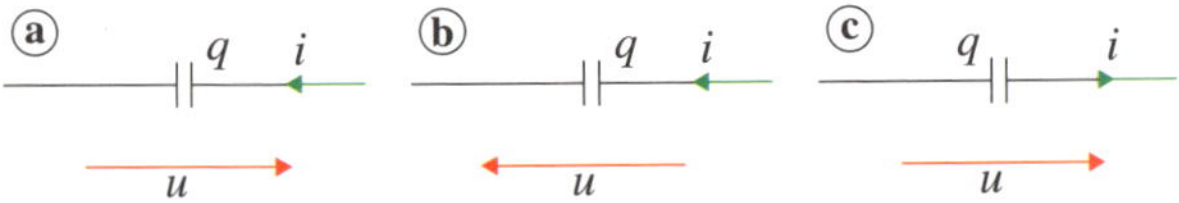

fig. 4

2 Quel assemblage de piles doit-on utiliser pour charger le condensateur d'un flash d'appareil photo (C = 2,2 mF) qui emmagasine une énergie de 40 mJ ?

23 ÉVOLUTION TEMPORELLE DU DIPÔLE (*R*, *C*)

Rappel de cours

Résultats expérimentaux

La charge et la décharge ne sont pas immédiates (fig. 1 et 2) :

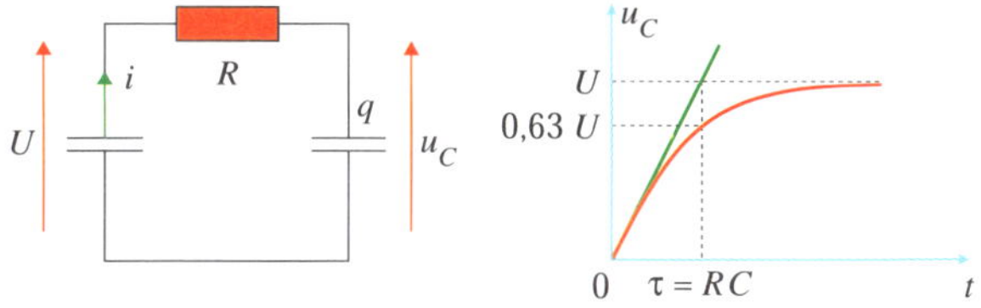

fig. 1 Charge à travers un conducteur ohmique de résistance R ($i > 0$).

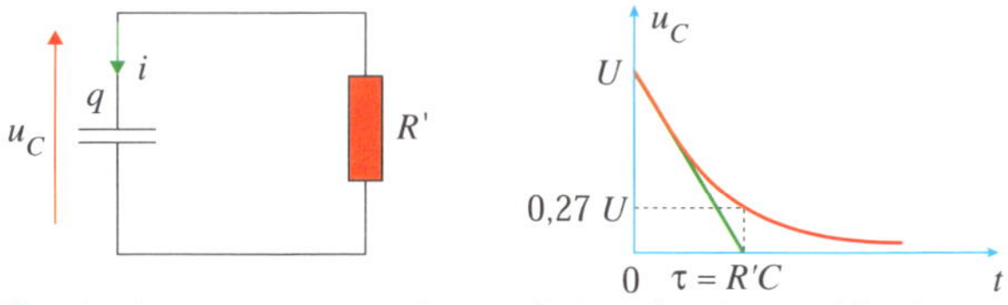

fig. 2 Décharge à travers un conducteur ohmique de résistance R' ($i < 0$).

Équations différentielles

- Charge du condensateur : $U = R\,i + u_C = R\dfrac{dq}{dt} + \dfrac{q}{C}$ d'où,

pour $q(t)$: $\dfrac{dq}{dt} + q\dfrac{1}{RC} = \dfrac{U}{R}$ et pour $u(t)$: $\boxed{\dfrac{du}{dt} + \dfrac{u}{RC} = \dfrac{U}{RC}}$.

- Décharge du condensateur : $0 = R'\,i + u_C = R'\dfrac{dq}{dt} + \dfrac{q}{C}$ d'où,

pour $q(t)$: $\dfrac{dq}{dt} + q\dfrac{1}{R'C} = 0$ et pour $u(t)$: $\boxed{\dfrac{du}{dt} + \dfrac{1}{R'C}u = 0}$.

Résolution analytique (▶ Fiche 4)

- Solution analytique : $u(t) = k'e^{-\alpha t} + k$.
- On remplace dans l'équation différentielle : on obtient α et k.
- On tient compte des conditions initiales, on obtient k' :

charge : $u(t) = U[1 - e^{(-1/RC)t}]$; décharge : $u(t) = Ue^{(-1/R'C)t}$.

Méthode

Écrire rapidement les expressions de l'intensité et de la charge à partir de l'expression de *u*

On utilise les relations $q(t) = Cu(t)$ et $i(t) = \dfrac{\mathrm{d}q(t)}{\mathrm{d}t}$.

Par exemple, durant la décharge : $i(t) = -\dfrac{U}{R'}\,\mathrm{e}^{(-1/R'C)t}$.

Prévoir l'effet d'une modification de *R* ou *R'*

Si R ou R' augmentent, τ augmente. Les courbes s'étirent selon l'axe des temps, mais la valeur finale de la tension aux bornes du condensateur (U ou 0) n'est pas modifiée (pour le dipôle (R, L), $\tau = L/R$ diminue si R augmente (▶ Fiche 25)).

Reconnaître les grandeurs continues

Le stockage et le déstockage d'énergie ne peuvent s'effectuer instantanément : E_C est une grandeur continue.

Comme $E_C = \frac{1}{2}Cu^2 = \dfrac{q^2}{2C}$, u et q sont des grandeurs continues.

En revanche, l'intensité présente des discontinuités lors du passage d'un régime de charge à un régime de décharge.

Application (▶ Fiches 4 et 6)

1 Quelle est la signification physique de $t_{1/2} = \dfrac{\ln 2}{\alpha}$?

2 Retrouver par le calcul les valeurs 0,63 U et 0,37 U qui figurent sur les courbes de décharge et de charge.

3 On donne (fig. 3) l'oscillogramme caractéristique de la décharge d'un condensateur de capacité C monté en série avec un générateur de signaux carrés ($U = 4{,}0$ V) et un conducteur ohmique ($R = 600\ \Omega$). Déterminer C par deux méthodes.

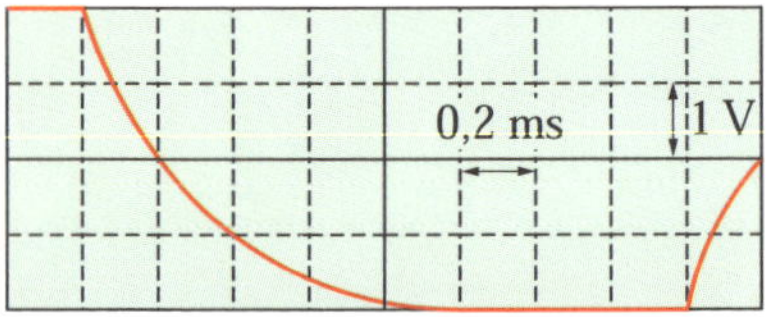

fig. 3

Rappel de cours

Tension aux bornes d'une bobine en convention récepteur

$$u_L = L\,\frac{di}{dt} + r\,i \quad (1)$$

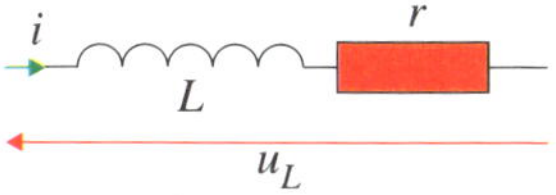

fig. 1 *r* est nulle pour une bobine idéale.

L, inductance de la bobine en henry (H) ; *i* en ampère (A) ; *r*, résistance interne de la bobine en ohm (Ω).

Vérification expérimentale de l'expression de u_L

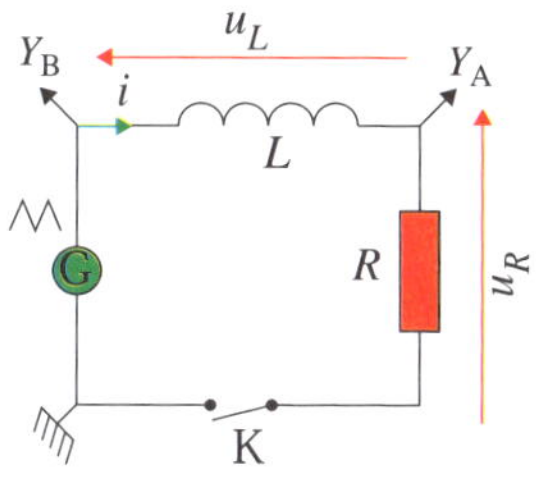

fig. 2 Branchement de l'oscilloscope (Fiche 8).

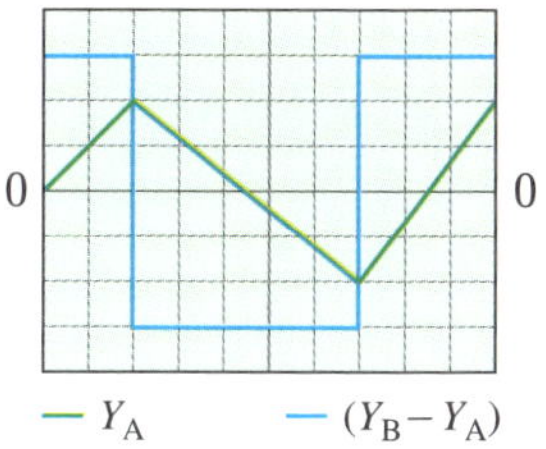

fig. 3

$u_R = Ri$ est une tension en dents de scie (Y_A).
Si $r << R$, alors u_L est une tension en créneaux ($Y_B - Y_A$).
u_L est proportionnelle à la pente $R\,\frac{di}{dt}$ des segments de droite.

Le coefficient de proportionnalité entre u_L et $R\,\frac{di}{dt}$ est $\frac{L}{R}$:

$$u_L = \frac{L}{R}\,R\,\frac{di}{dt} = L\,\frac{di}{dt} \quad \text{si } r << R.$$

Énergie emmagasinée dans une bobine

À chaque instant, l'énergie emmagasinée, exprimée en joule (J), est : $E_L(t) = \frac{1}{2}Li^2(t)$.

Le déstockage brutal de l'énergie peut faire naître une étincelle « de rupture » à l'ouverture d'un circuit comprenant une bobine.

Méthode

Utiliser la convention récepteur et exprimer des tensions

Exemple : Exprimer u' (fig. 4).

- On a directement :

$$u'_0 = L\frac{di}{dt} + ri.$$

$$u_1 = R_1 i.$$

- On calcule : $u = u_1 + u'_0$

Or $u' = -u$.

Donc $\boxed{u' = -R_1 i - L\frac{di}{dt} - ri.}$

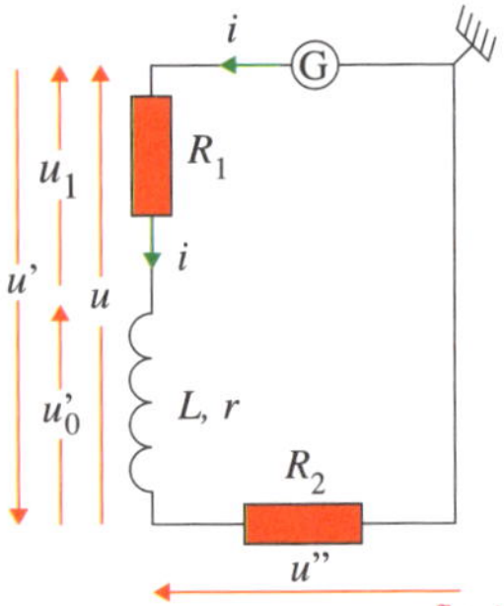

fig. 4

Interpréter un oscillogramme

Exemple : Calculer L à partir de l'oscillogramme de la figure 3 (sensibilités : voie A, 1 $V \cdot div^{-1}$; voie B, 10 $mV \cdot div^{-1}$; base de temps : 10 $ms \cdot div^{-1}$; $R = 100\ \Omega$),

- ***Déterminer*** $\frac{di}{dt}$

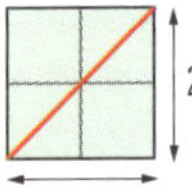

fig. 5

Pente de u_R (fig. 5) : $\frac{2}{0{,}020} = 100\ V \cdot s^{-1}$.

$$\frac{di}{dt} = \frac{1}{R}\frac{du_R}{dt} = \frac{1}{100} \times 100 = \mathbf{1\ A \cdot s^{-1}}.$$

- ***Calculer*** L ***à partir de*** $U_L = L\frac{di}{dt}$

On lit $U_L = 30$ mV (voie B), d'où, puisque $\frac{di}{dt} = 1\ A \cdot s^{-1}$:

$$L = \frac{30}{1} = 30\ mV \cdot A^{-1} \cdot s = \mathbf{30\ mH}.$$

Remarque : $1\ mV \cdot A^{-1} \cdot s = 1\ m \cdot \Omega \cdot s$, or $[L/R] = [\text{temps}]$ (► Fiche 25), donc $1\ mV \cdot A^{-1} \cdot s = 1$ mH.

Application

1 Pourquoi, dans un flash d'appareil photo, stocke-t-on l'énergie dans un condensateur plutôt que dans une bobine ?

2 Les créneaux observables sur la figure 3 sont parfois « inclinés ». Pourquoi ? Représenter alors l'oscillogramme.

25 ÉVOLUTION TEMPORELLE DU DIPÔLE (R, L)

Rappel de cours

Résultats expérimentaux

L'établissement et la disparition du courant traversant une bobine ne sont pas immédiats. On définit une durée caractéristique : τ, la constante de temps du circuit. On constate que $\tau = L/R$ où R est la résistance totale du circuit (celle du conducteur ohmique plus celle de la bobine).

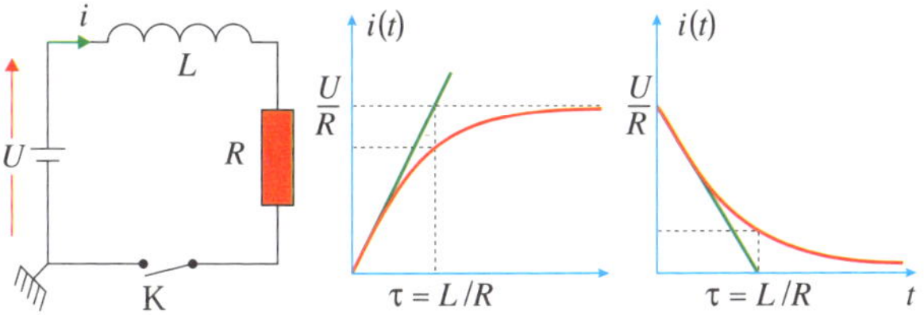

Équations différentielles

- Établissement du courant : $\dfrac{di}{dt} + \dfrac{R}{L}i = \dfrac{U}{R}$. (1)

- Disparition du courant (ouverture de K) : $\dfrac{di}{dt} + \dfrac{R}{L}i = 0$. (2)

Résolution analytique (▶ Fiche 3)

- Solution analytique : $i(t) = k'e^{-\alpha t} + k$.
- On remplace dans (1) et (2) :

on obtient $\alpha = R/L$ et k. (cas (1) : $k = U/R$; cas (2) : $k = 0$.)

- On tient compte des conditions initiales, on obtient k' :

établissement du courant : $i(t) = \dfrac{U}{R}\left(1 - e^{-(R/L)t}\right)$;

disparition du courant : $i(t) = \dfrac{U}{R}e^{-(R/L)t}$.

$I = U/R$ est la valeur de l'intensité qui circule en régime permanent dans le circuit lorsque l'interrupteur est fermé.

Méthode

Écrire rapidement les expressions de u_L ou u_R

Utiliser les relations $u_R = Ri$ et $u_L = L\frac{di}{dt}$, par exemple :

$$u_L = L\left(\frac{U}{R}\right)\left(-\frac{R}{L}\right)\left(-e^{-(R/L)t}\right) = U e^{-(R/L)t}.$$

Interpréter les phénomènes en terme d'énergie

• La bobine stocke de l'énergie lorsque l'intensité du courant augmente : au lieu de passer brutalement de 0 à U/R lors de la fermeture du circuit, l'intensité du courant croît lentement.

• Lors de l'ouverture, alors que l'intensité du courant devrait brutalement s'annuler, la bobine déstocke l'énergie électrique et le courant continue à circuler (l'intensité décroît lentement).

• La bobine induit un retard à l'établissement ou à la disparition d'un courant : elle s'oppose aux variations de courant.

Prévoir l'effet d'une modification de R

Si R augmente, τ diminue. Les courbes se resserrent selon l'axe des temps (fig. 1), mais la valeur finale de l'intensité qui traverse la bobine ($I = U/R$ ou 0) n'est pas modifiée.
Pour le dipôle (R, C), $\tau = RC$ augmente avec R (▶ Fiche 23).

Reconnaître les grandeurs continues

Le stockage de l'énergie et son déstockage ne peuvent s'effectuer instantanément.

Or $E = \frac{1}{2}Li^2$, donc $i(t)$ et $u_R(t)$ varient de façon continue.

$U_L(t)$ peut en revanche présenter des discontinuités.

Application (▶ Fiches 4 et 6)

1 Quelle est la signification physique du temps caractéristique défini par $t_{1/2} = \ln 2\,\tau$?

2 Rappeler la relation qui existe entre la tension u_L aux bornes d'une bobine idéale et l'intensité i qui la parcourt.
u_L est-elle toujours continue ? (Donner un contre-exemple.)

26 OSCILLATIONS LIBRES DANS UN CIRCUIT (*R, L, C*)

Rappel de cours

Décharge oscillante d'un condensateur dans une bobine

Le condensateur est initialement chargé : $E_{C_0} = \frac{1}{2}CU_0^2 = \frac{1}{2}\frac{Q_0^2}{C}$.

On ferme l'interrupteur (fig. 1). On enregistre les variations de la tension u_C aux bornes du condensateur (fig. 2).

On observe des **oscillations amorties.** On définit la **pseudo-période** T. La pseudo-période est pratiquement égale à la période propre T_0 (en réalité elle est légèrement supérieure) (▶ Fiche 27).

$$T \approx 2\pi\sqrt{LC}.$$

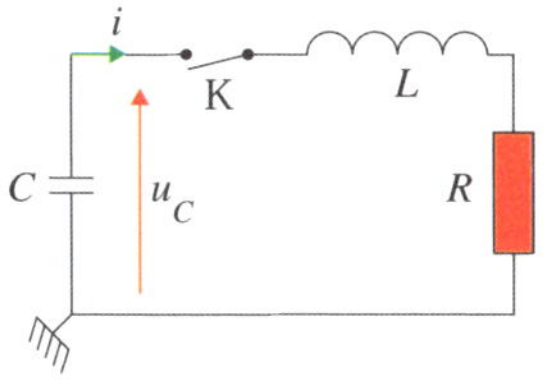

fig. 1

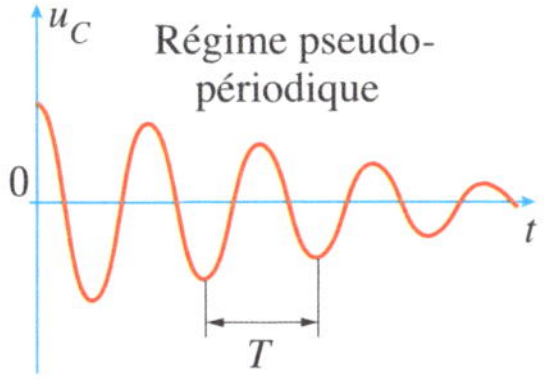

fig. 2

Les oscillations amorties sont d'autant moins nombreuses que la valeur de la résistance est grande.

En introduisant dans le circuit un **montage dit à résistance négative,** on peut obtenir l'**entretien des oscillations**.

Autres régimes (fig. 2)

Pour une valeur limite R_C de R, les pseudo-oscillations disparaissent :
c'est le **régime critique.**

Pour $R > R_C$, la tension aux bornes du condensateur s'annule plus lentement :
c'est le **régime apériodique.**

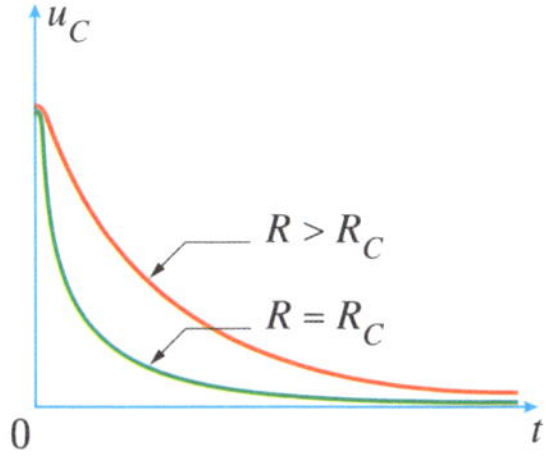

fig. 3 Régimes critique et apériodique

Méthode

Interpréter les pseudo-oscillations

Dès que commence la décharge, la bobine stocke de l'énergie (phase d'opposition à l'augmentation du courant).

Lorsque toute l'énergie disponible est dans la bobine, celle-ci s'oppose à la diminution de courant en déstockant de l'énergie. Cette énergie permet au condensateur de se recharger.

Il y a donc une succession de décharges et de charges du condensateur, de stockage et de déstockage d'énergie dans la bobine.

• ***Interpréter l'amortissement***

Si R n'est pas nulle, l'énergie totale ne reste pas constante dans le circuit qui, à chaque instant, cède à l'extérieur l'énergie $E(t) = Ri^2(t)$ sous forme de chaleur (effet Joule).

L'amplitude des oscillations diminue donc progressivement.

Expliquer l'entretien des oscillations

Principe du dispositif d'entretien des oscillations : réinjecter, « au fur et à mesure », l'énergie que le circuit dissipe.

Cela suppose pour ce dispositif :

– la présence d'une source d'énergie (alimentation de l'A.O.) non représentée sur la figure 4 ;

– un accord sur la valeur « $-R$ » : le dispositif doit restituer à chaque instant l'énergie Ri^2 (ici $R' \approx R$).

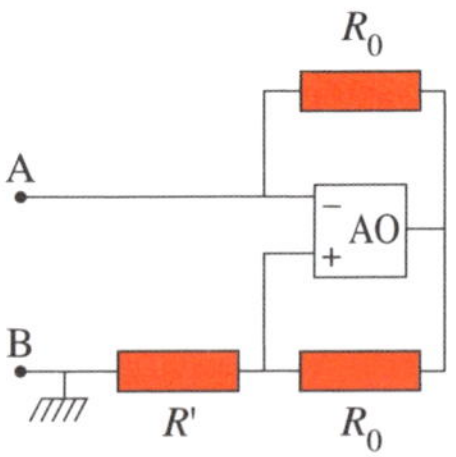

fig. 4 Dipôle AB modélisable par une résistance négative $-R'$

Application

Schématiser un circuit (R, L, C) avec résistance dite négative permettant d'observer l'entretien des oscillations. Indiquer le branchement de l'oscilloscope.

27 OSCILLATIONS ÉLECTRIQUES LIBRES AVEC AMORTISSEMENT NÉGLIGEABLE

Rappel de cours

Équation différentielle vérifiée par q_C

L'amortissement est négligeable, ce qui signifie en pratique qu'on se limite aux premières pseudo-oscillations (▶ Fiche 26). Le schéma du circuit (R, L, C) est simplifié : R est nulle, le conducteur ohmique n'est plus représenté (fig. 1).

Après orientation du circuit, on a, en convention récepteur :

$$u_C = \frac{q_C}{C} \quad \text{et} \quad -u_L = L\frac{\mathrm{d}i}{\mathrm{d}t}$$

Or $u_C = u_L$ et $i = \dfrac{\mathrm{d}q_C}{\mathrm{d}t}$ donc :

$$\frac{\mathrm{d}^2 q_C}{\mathrm{d}t^2} + \frac{1}{LC}q_C = 0 \qquad (1)$$

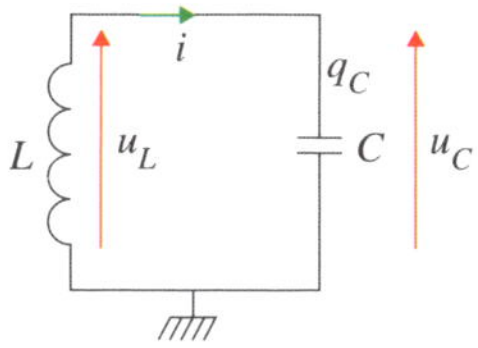

fig. 1

Résolution analytique (▶ Fiche 4)

• L'équation (1) admet une solution du type $q = a\cos\left(\frac{2\pi}{T}t + \varphi\right)$.

On calcule $\dfrac{\mathrm{d}^2 q}{\mathrm{d}t^2} = -\left(\dfrac{2\pi}{T}\right)^2 a\cos\left(\dfrac{2\pi}{T}t + \varphi\right)$.

En remplaçant dans (1), il vient $T = 2\pi\sqrt{LC}$.

Cette valeur de la période est notée T_0 et appelée **période propre** pour la distinguer de la pseudo-période T définie dans le cas d'oscillations amorties.

On retient : $T_0 = 2\pi\sqrt{LC}$ (▶ Fiche 26).

• Les conditions initiales permettent de déterminer a et φ.

Par exemple, si à $t = 0$ le condensateur est chargé ($q(0) = Q_0$) et si l'intensité dans le circuit est nulle ($i(0) = \dfrac{\mathrm{d}q(0)}{\mathrm{d}t^2} = 0$ A), on a :

$$\varphi = 0 \quad \text{et} \quad a = Q_0.$$

Méthode

Interpréter l'expression de la période propre

• La valeur $T_0 = 2\pi\sqrt{LC}$, caractéristique du circuit (L, C), ne dépend pas des conditions initiales.

• Plus L est grande, plus la bobine s'oppose aux variations de courant et plus la charge et la décharge sont longues.

• $[C]$ = [intensité] [temps] [tension]$^{-1}$
$[L]$ = [tension] [intensité]$^{-1}$ [temps]
donc $[T_0]^2$ = [temps]^2 et $[T_0]$ = [temps]. (▶ Fiche 2).

Utiliser avec pertinence les deux conditions initiales

• D'un point de vue mathématique, il y a deux inconnues (a et φ) ; il faut donc écrire deux équations.

• Physiquement, connaître, par exemple, la valeur $q(0)$ de la charge à l'instant initial n'est pas suffisant. Est-on en cours de charge ? en début de charge ? La seconde indication (la valeur de l'intensité) permet de répondre à la question.
Le plus souvent, on est dans l'un des deux cas :

• $i(0) = 0$ A et $q(0) = Q_0$ → fin de charge (début de décharge) ; Q_0 est la charge maximale du condensateur. L'énergie est entièrement stockée dans le condensateur, elle est nulle ($i = 0$) dans la bobine ;

• $i(0) = I_0$ et $q(0) = 0$ C → fin de décharge (début de charge).

Application

1 Lorsque les conditions initiales sont $i(0) = I_0$ et $q(0) = 0$ C, pourquoi recommande-t-on de choisir comme expression générale de $q(t)$: $q(t) = a\sin\left(\frac{2\pi}{T}t + \varphi\right)$?

2 La période des oscillations libres non amorties du circuit (fig. 1) est $T_0 = 1{,}0$ ms.

On donne : $C = 4{,}7\ \mu$F ; $i(0) = 1$ mA ; $q(0) = 0$ C.

a. Établir les équations différentielles vérifiées par u_C et $i(t)$.

b. Donner les expressions de u_C et $i(t)$.

c. Calculer L.

28 COMPARAISON DES DIPÔLES (*R*, *C*) ET (*L*, *C*)

Rappel de cours

Circuit (*R*, *C*)

• Charge du condensateur

$$\frac{dq}{dt} + \frac{q}{RC} = \frac{E}{R}$$

$$q = EC\left(1 - e^{-\frac{t}{RC}}\right) = Q_{finale}\left(1 - e^{-\frac{t}{RC}}\right)$$

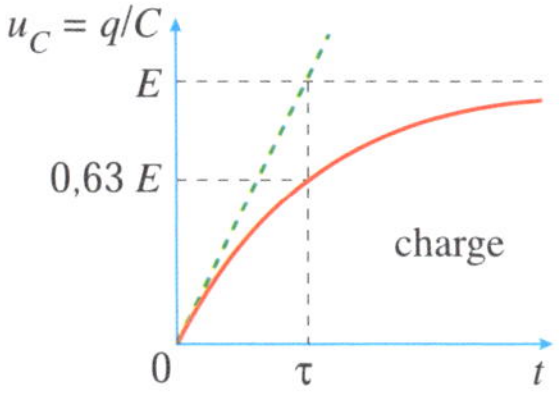

• Décharge du condensateur

$$\frac{dq}{dt} + \frac{q}{RC} = 0$$

$$q = EC\,e^{-\frac{t}{RC}} = Q_{initiale}\,e^{-\frac{t}{RC}}$$

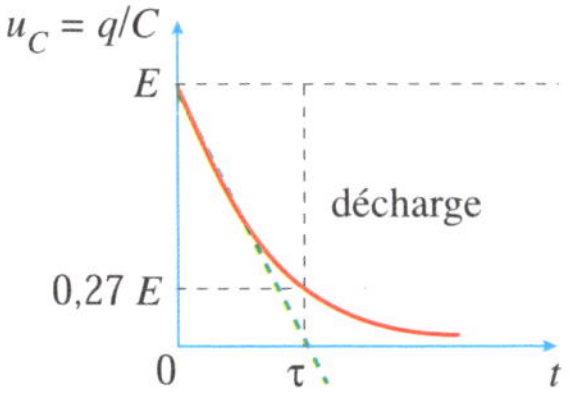

• Constante de temps

$$\tau = RC$$

• Énergie

$$E_C = \frac{1}{2}Cu^2$$

La tension aux bornes du condensateur ne subit pas de discontinuité.

Circuit (*R*, *L*)

• Établissement du courant

$$\frac{\mathrm{d}i}{\mathrm{d}t} + \frac{R}{L}i = \frac{E}{L}$$

$$\boxed{i = \frac{E}{R}\left(1 - \mathrm{e}^{-\frac{R}{L}t}\right) = I_{\text{finale}}\left(1 - \mathrm{e}^{-\frac{R}{L}t}\right)}$$

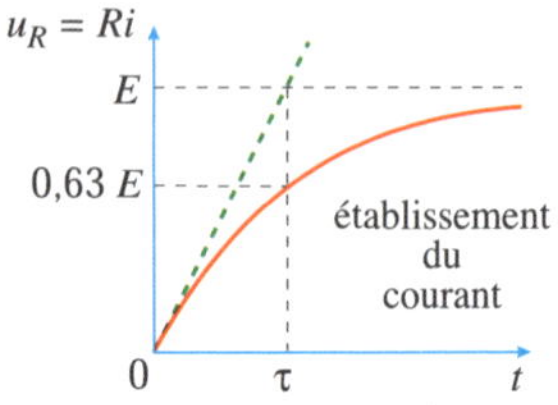

• Disparition du courant

$$\frac{\mathrm{d}i}{\mathrm{d}t} + \frac{R}{L}i = 0$$

$$\boxed{i = \frac{E}{R}\mathrm{e}^{-\frac{R}{L}t} = I_{\text{finale}}\,\mathrm{e}^{-\frac{R}{L}t}}$$

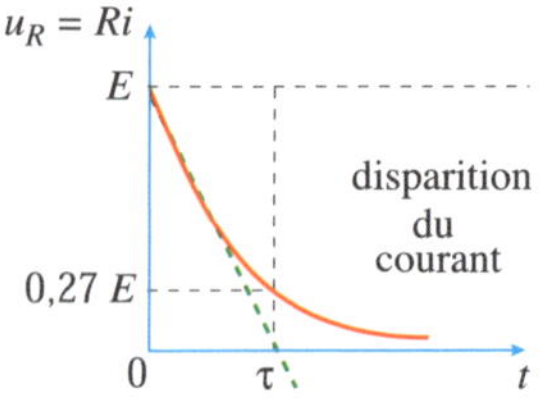

• Constante de temps

$$\tau = \frac{L}{R}$$

• Énergie

$$E_L = \frac{1}{2}Li^2$$

L'intensité du courant traversant la bobine ne subit pas de discontinuité.

29 ÉLECTRICITÉ : EXERCICES DE SYNTHÈSE

Énoncé 1

On réalise le circuit de la figure 1. La résistance interne de la bobine est négligeable devant celle du conducteur ohmique.

Un système d'acquisition de données permet de tracer les variations de u_{AB} et u_{CB} en fonction du temps (fig. 2).

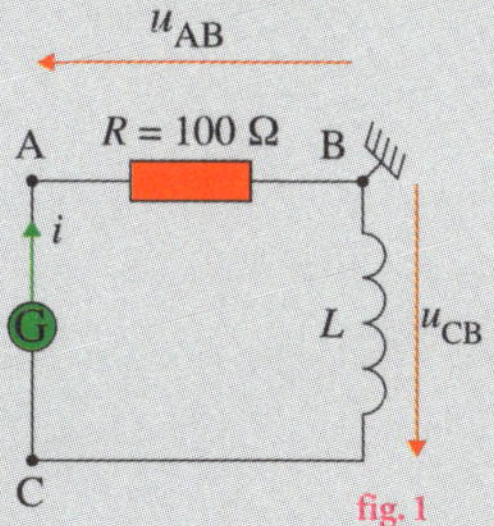

fig. 1

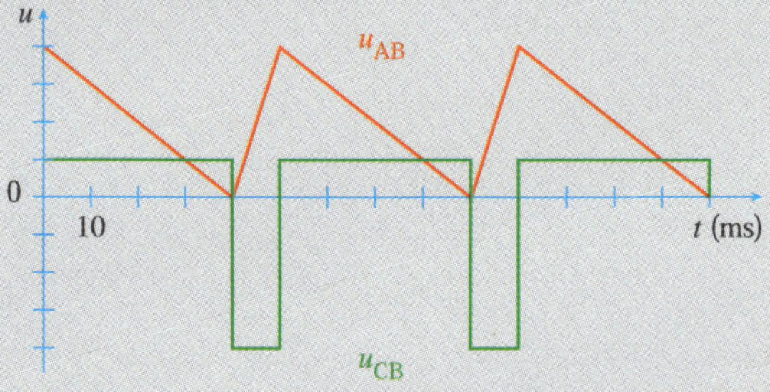

fig. 2

Échelle :

pour u_{AB} : 1 V par graduation ;

pour u_{CB} : 12,5 mV par graduation.

1 Donner l'expression de l'intensité $i(t)$.

2 Représenter $i(t)$ (échelle : $1\text{cm} \approx 10$ ms et $1\text{cm} \approx 1 \cdot 10^{-2}$A).

3 Expliquer pourquoi la tension aux bornes de la bobine est rectangulaire.

4 Expliquer pourquoi la courbe représentative de la tension aux bornes de la bobine n'est pas symétrique par rapport à l'axe horizontal.

5 Calculer l'inductance L de la bobine.

Indications

1 Appliquer la loi d'Ohm (▶ Fiche 8).

2 Les variations de $i(t)$ sont celles de u_{AB} au facteur R près.

3 $i(t)$ est une fonction linéaire de t sur chaque intervalle (▶ Fiche 24).

4 Les segments de droite sont de pentes différentes. Calculer la pente de chacun d'eux (▶ Fiche 24).

5 Relier la pente de $i(t)$ à la valeur de u_{CB} (▶ Fiche 24).

Énoncé 2

On réalise le montage ci-dessous pour lequel :

$$U = 10\ \text{V} \quad ; \quad C = 0{,}2\ \mu\text{F} \quad ; \quad L = 40\ \text{mH}.$$

1 On ferme l'interrupteur dans la position 1.

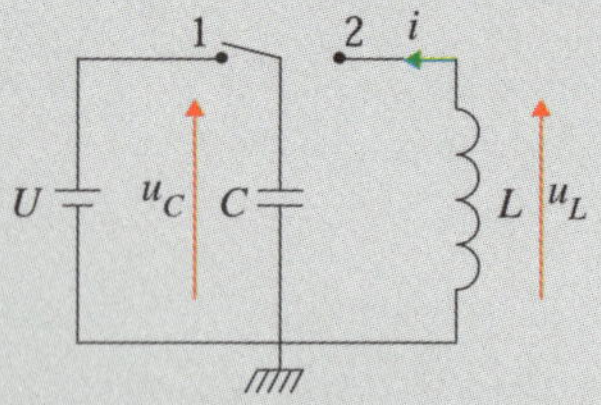

Calculer la charge Q_0 portée par l'armature positive du condensateur et l'énergie E_{C_0} qui s'y trouve emmagasinée par le condensateur à la fin de la charge.

2 On bascule alors l'interrupteur dans la position 2. Le sens positif choisi pour le courant est indiqué ci-dessus.
Montrer que des oscillations libres, dont on déterminera la période propre, sont observables dans le circuit.

Indications

1 Revoir les relations entre Q, C et U (▶ Fiche 22).

2 Établir l'équation différentielle vérifiée par u_C (▶ Fiche 27).

Rappel de cours

Première loi de Newton (principe d'inertie)

Il existe des référentiels appelés **référentiels galiléens** dans lesquels le centre d'inertie d'un système persévère dans son état de repos ou de mouvement rectiligne uniforme tant que le système est soumis à des forces qui se compensent et réciproquement. Cette loi peut être traduite par :

Dans un référentiel galiléen, $\vec{v}_G$ constante $\Leftrightarrow \sum \vec{F}_{ext} = \vec{0}$.

Deuxième loi de Newton

Elle est la traduction mathématique du lien qualitatif mis en évidence entre la somme des forces extérieures s'exerçant sur un système de masse m et la variation du vecteur vitesse $\vec{v}_G$ de son centre d'inertie.

Dans un référentiel galiléen, $\sum \vec{F}_{ext} = m \dfrac{d\vec{v}_G}{dt}$.

On définit $\vec{a}_G = \dfrac{d\vec{v}_G}{dt}$.

Troisième loi de Newton (loi des actions réciproques)

Que deux corps A et B soient au repos ou en mouvement quelconque, la force exercée par A sur B est opposée à la force exercée par B sur A :

$$\vec{F}_{A/B} = -\vec{F}_{B/A}.$$

Méthode

Bien rédiger un exercice de mécanique

- Définir le système et le référentiel (le mouvement est relatif).
- Préciser les repères d'espace (origine O, axes Ox, Oy, Oz ; base de Frenet, etc.) et de temps (origine des temps).
- Inventorier les forces extérieures appliquées au système (nom de la force, point d'application, direction et sens, valeur).
- Énoncer la loi ou le théorème qui permettent d'interpréter le phénomène.

Reconnaître certains mouvements du centre d'inertie

D'un document expérimental (série de photos, film, acquisition de données par ordinateur, ...), on peut tirer :

• des renseignements concernant la trajectoire
Points dessinant une courbe connue qui donne son nom à la trajectoire (rectiligne, circulaire, parabolique, ...).

• des renseignements concernant la vitesse

– Si les points sont régulièrement espacés (distances égales parcourues en des temps égaux), le mouvement est **uniforme** :

v_G = constante (mais $\vec{v}_G$ peut ne pas être constant) ;

– Si les points sont de plus en plus espacés dans le sens de parcours de la trajectoire, le mouvement est **accéléré** (**décéléré** ou **ralenti** dans le cas contraire).

• On donne alors parfois une description plus complète : mouvement rectiligne accéléré, circulaire uniforme, etc.

Savoir choisir un référentiel galiléen

Le référentiel galiléen par excellence est celui de Copernic.

Le référentiel terrestre peut être considéré comme galiléen lorsqu'on étudie des mouvements dont la durée est négligeable devant la durée de la rotation diurne de la Terre (24 h).
Pour étudier les autres mouvements, on choisit un référentiel géocentrique (origine au centre de la Terre, axes dirigés vers des étoiles fixes) ou héliocentrique.

Application

1 Donner un exemple de mouvement pour lequel v_G est constante tandis $\vec{v}_G$ que varie.

2 Montrer que la 2e loi de Newton contient la 1re loi.

3 a. Peut-on, grâce à la 3e loi de Newton, affirmer que chacun de nous exerce sur la Terre une force de même valeur que celle que la Terre exerce sur nous ?
b. Utiliser la 2e loi de Newton pour montrer que cette affirmation est vraisemblable.

31 ACCÉLÉRATION ET SOMME DES FORCES

Rappel de cours

Vecteurs vitesse et accélération (définition théorique)

Si $\overrightarrow{OM}$ est le vecteur position, on a :

$$\vec{v_G} = \frac{d\overrightarrow{OM}}{dt} \quad \text{et} \quad \vec{a_G} = \frac{d^2\overrightarrow{OM}}{dt^2}.$$

• En coordonnées cartésiennes :

$$v_x = \frac{dx(t)}{dt} \ ; \ v_y = \frac{dy(t)}{dt} \ ; \ v_z = \frac{dz(t)}{dt} \ ; \ a_x = \frac{dv_x}{dt} = \frac{d^2x}{dt^2}, \text{etc.}$$

• Dans la base de Frenet (fig. 1) :

R : rayon de courbure de la trajectoire en M ;

$\vec{t}$: vecteur unitaire tangent à la trajectoire et orienté dans le sens du mouvement ;

$\vec{n}$: vecteur unitaire perpendiculaire dirigé dans la concavité de la courbe.

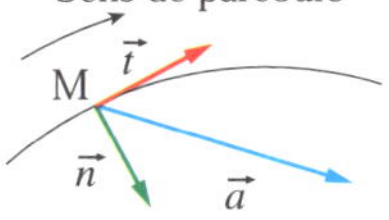

fig. 1

$$\vec{a_G} = a_t\vec{t} + a_n\vec{n}$$

$$a_t = \frac{dv}{dt} \quad \text{et} \quad a_n = \frac{v^2}{R}$$

Relation accélération et somme des forces (deuxième loi de Newton)

• Sur des intervalles de temps égaux Δt, on peut comparer la variation de vitesse Δv_G correspondant à des forces de valeurs différentes. Cette variation est une fonction croissante de la valeur de la force. L'accélération est définie comme la limite :

$$\vec{a_G} = \lim_{\Delta t \to 0} \frac{\overrightarrow{\Delta v_G}}{\Delta t}$$

ce qui correspond à la définition de la dérivée de $\vec{v_G}$.

• La deuxième loi de Newton $\sum \vec{F}_{ext} = m\frac{d\vec{v_G}}{dt} = m\vec{a_G}$ est la traduction quantitative du lien établi qualitativement entre $\Delta\vec{v_G}$ et la force.

Méthode

Déterminer graphiquement le vecteur vitesse

• τ est la durée du déplacement entre M'M ou MM''.

• L'arc $\overset{\frown}{M'M''}$ est assimilé à un segment de droite.

• On mesure M'M''.

• On calcule v_G : $v_G = \dfrac{M'M''}{2\tau}$.

• On choisit une échelle, on trace $\vec{v_G}$ (fig. 2).

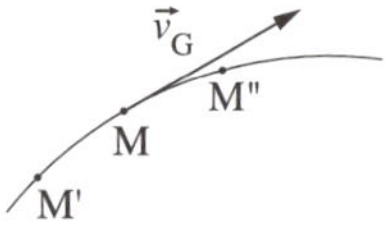

fig. 2

Déterminer graphiquement le vecteur accélération

• À partir de $\vec{v'}_G$ et $\vec{v''}_G$, on détermine graphiquement $\overrightarrow{\Delta v_G} = \vec{v''}_G - \vec{v'}_G$.

• On mesure Δv_G ; on calcule :

$$\vec{a_G} = \frac{\overrightarrow{\Delta v_G}}{2\tau} \quad .$$

• On choisit une échelle :
1 cm ≈ … $m \cdot s^{-2}$.

• On représente $\vec{a_G}$ en M, parallèle à $\overrightarrow{\Delta v_G}$.
$\vec{a_G}$ est toujours dirigée dans la concavité de la trajectoire.

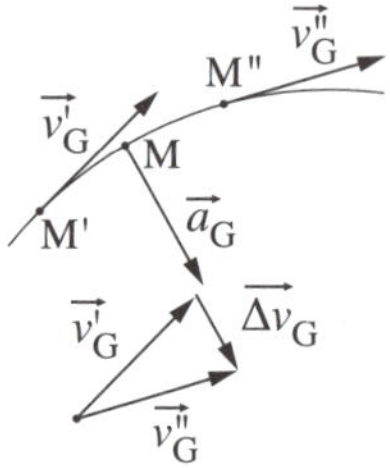

fig. 3

Application

Les points de la figure 4 représentent les positions successives (de A_1 à A_{13}) du centre d'inertie d'un jouet téléguidé.

Représenter $\vec{v_4}$ et $\vec{a_{11}}$.

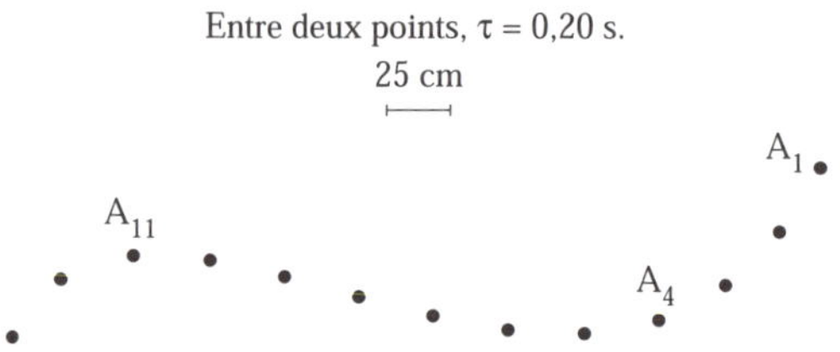

fig. 4

32 CHUTE VERTICALE AVEC FROTTEMENT

Rappel de cours

Poussée d'Archimède $\vec{\Pi}$

Pour un fluide de masse volumique ρ_f et un solide de volume V :

$$\boxed{\Pi = \rho_f V g}$$

ρ_f en $kg \cdot m^{-3}$; V en m^3 ; g en $N \cdot kg^{-1}$.

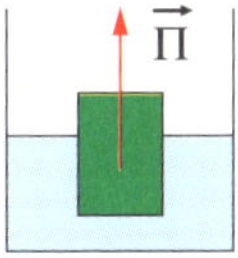

fig. 1

$\vec{\Pi}$ s'applique au centre de gravité du liquide déplacé qui ne coïncide pas forcément avec le centre d'inertie de la partie immergée du corps (fig. 1).

La valeur de $\vec{\Pi}$ est égale à celle du poids du liquide déplacé.

Forces de frottement $\vec{f}$

• Pour des vitesses v faibles : f est proportionnelle à v.

Pour un corps sphérique de rayon R, on utilise la formule de Stokes :

$$\boxed{f = 6\pi R \eta v}$$

(η, en $N \cdot s \cdot m^{-2}$, est un coefficient de proportionnalité).

• Pour des vitesses élevées : f est proportionnelle à v^2.

Méthode

Mouvement d'une bille (rayon *R*, masse *m*, volume *V*) lâchée sans vitesse initiale dans de la glycérine ($f = 6\pi R \eta v$)

• ***Écrire la deuxième loi de Newton***

Dans le référentiel terrestre, la bille est soumise aux forces $\vec{P}, \vec{f}$ et $\vec{\Pi}$ (fig. 2).

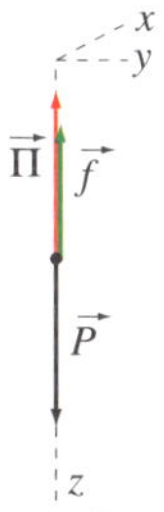

fig. 2

Deuxième loi de Newton : $m\vec{a} = \vec{P} + \vec{f} + \vec{\Pi}$

Selon Oz : $ma_z = P - f - \Pi$ (1)

ou $ma_z = mg - 6\pi R \eta v - \rho_f V g$ (2)

d'où $m\dfrac{dv}{dt} = mg - 6\,\pi R \eta v - \rho_f V g$ (3)

avec $mg - \rho_f V g > 6\pi R h \dfrac{dz}{dt}$.

• *Montrer qu'il existe une vitesse limite*

Au début de la chute, $a_z > 0$ et $P > f + \Pi$.
La vitesse v, nulle à l'instant initial, augmente peu à peu, jusqu'à ce que $mg - \rho_f Vg = 6\pi R\eta v$.
À cet instant, la vitesse devient constante, donc $a_z = 0$, d'où :

$$\boxed{v_\ell = \frac{mg - \rho_f Vg}{6\pi R\eta}.}$$

• *Interpréter la courbe v(t)*

$a_z > 0$, le mouvement est accéléré : c'est le régime initial ou transitoire (fig. 3).

$a_z = 0$, la vitesse est constante, le mouvement est uniforme : c'est le régime asymptotique ou régime permanent.

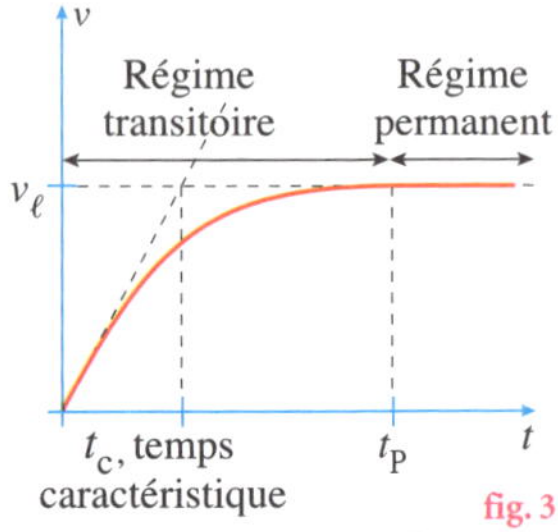

fig. 3

Résoudre l'équation différentielle : méthode d'Euler (▶ Fiche 4)

Si $A = g - \rho_f V \frac{g}{m}$ et $B = \frac{6\pi R\eta}{m}$, (3) s'écrit $\frac{dv}{dt} = A - Bv$.

Si $\varepsilon << t_c$, $v(t + \varepsilon) = v(t) + \varepsilon \frac{dv}{dt}$.

Ces deux équations permettent le calcul pas à pas de $v(t) = v(n\varepsilon)$.

Application

1 Donner un exemple de chute avec frottement pour laquelle :
– la formule de Stokes modélise correctement f ;
– la force de frottement est proportionnelle au carré de la vitesse.

2 On a généralement : $mg - \rho_f Vg > 6\pi R\eta v$.
Quelle serait la signification physique de $mg - \rho_f Vg = 0$? de $mg - \rho_f Vg < 0$?

3 Montrer que l'on distingue également deux phases du mouvement dans le cas où f est donnée par $f = kv^2$.

Rappel de cours

Chute verticale libre

Un corps est en chute libre lorsque la seule force extérieure à laquelle il est soumis est son poids. La chute est verticale lorsque le vecteur vitesse initiale $\vec{v}_0$ est nul ou orienté verticalement (ascendant ou descendant).

Autres orientations de $\vec{v}_0$ (▶ Fiche 34).

Caractéristiques du mouvement de chute verticale libre

• L'accélération du corps est indépendante de sa masse.

Dans un référentiel galiléen, on applique la 2e loi de Newton :

$\sum \vec{F}_{ext} = m\vec{a} = m\vec{g}$; en simplifiant par m il vient : $\vec{a} = \vec{g}$.

Tous les corps sont soumis à cette même accélération : $\vec{g}$.

$\vec{g}$ est parfois appelée accélération de la pesanteur.

• Le mouvement est uniformément accéléré car $\vec{g}$ est constant (champ de pesanteur uniforme).

• Résolution analytique de l'équation :

$$\vec{a} = \vec{g}.$$

– Choix du repère (fig. 1).

– On projette $\vec{a}$ sur les trois axes, on intègre :

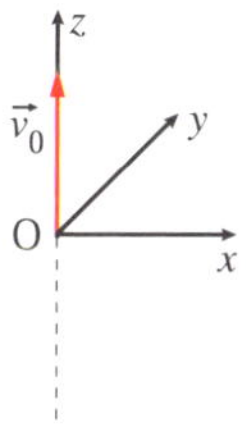

fig. 1

À l'instant initial :
$x_0 = y_0 = z_0 = 0$
$v_{0x} = v_{0y} = 0$
$v_{0z} = v_0$

$$\begin{cases} a_x = 0 \\ a_y = 0 \\ a_z = -g \end{cases} \quad \begin{cases} v_x = v_{0x} = 0 \\ v_y = v_{0y} = 0 \\ v_z = -gt + v_0 \end{cases} \quad \begin{cases} x = x_0 = 0 \\ y = y_0 = 0 \\ z = -\frac{1}{2} gt^2 + v_0 t \end{cases}$$

On vérifie *a posteriori* que le mouvement ne serait pas vertical si v_{0x} et v_{0y} n'étaient pas nulles.

Si $\vec{v}_0$ est dirigée vers les z négatifs :

$$\boxed{z = -\frac{1}{2} gt^2 + v_0 t.}$$

Méthode

Interpréter des courbes $z = f(t)$ (fig. 2)

• S'agit-il des trajectoires d'un corps en chute libre verticale ? Non, car l'axe horizontal est l'axe des temps.

• Le corps est-il lâché avec ou sans vitesse initiale ?

– Cas ⓐ : avec vitesse initiale vers le haut :

$$z = -\frac{1}{2}gt^2 + v_0 t \ ; \ t_0 = 2\frac{v_0}{g}.$$

– Cas ⓑ : avec vitesse initiale vers le bas (communiquer au corps une vitesse initiale vers le bas équivaut à le lancer de plus haut) ;

on observe la « fin » de la parabole d'équation :

$$z = -\frac{1}{2}gt^2 - v_0 t.$$

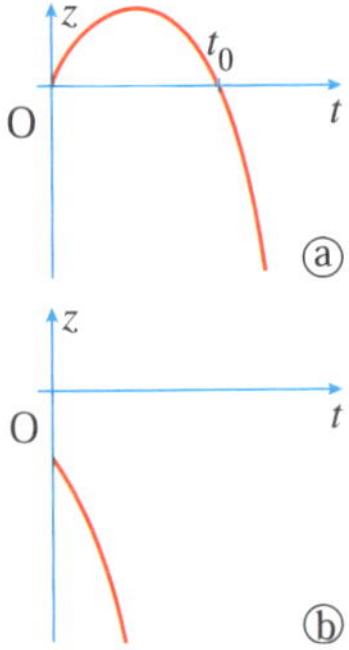

fig. 2

Interpréter des courbes $v = f(t)$ (fig. 3)

• Le corps est-il lâché avec ou sans vitesse initiale ?
Rechercher l'intersection avec l'axe vertical (ici $v_0 < 0$).

• Quelle est la vitesse v_A à l'instant t_A ?
Effectuer la lecture directe.

• La vitesse $\vec{v}_0$ est-elle dirigée vers le haut ?
On ne peut répondre : $\vec{v}_0$ est dirigée vers les z négatifs, mais on ne connaît pas l'orientation de Oz.

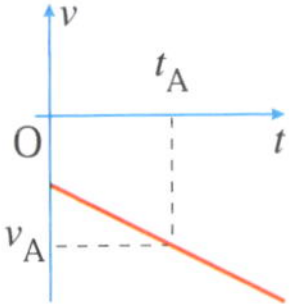

fig. 3

Application

1 Détailler le raisonnement qui permet d'effectuer les deux intégrations : $a_x = 0$, « donc » $v_x = v_{0x} = 0$, « donc » $x = x_0 = 0$.

2 Établir les équations du mouvement de chute libre pour les axes définis par la figure 4.
Distinguer les deux cas :
$\vec{v}_0$ dirigée vers le haut, puis vers le bas.

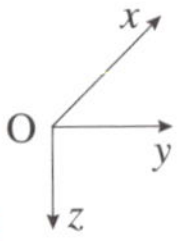

fig. 4

34 MOUVEMENTS DE PROJECTILES DANS UN CHAMP DE PESANTEUR

Rappel de cours

Champ de pesanteur uniforme

La force $\vec{F}$ de gravitation exercée par la Terre sur un corps de masse m situé en A à la distance r de O est :

$$\vec{F} = G\frac{M_T m}{r^2}\,\vec{u}_{AO} = m\vec{g}$$

où $\vec{g} = G\dfrac{M_T}{r^2}\,\vec{u}_{AO}$ et $G = 6{,}67259 \cdot 10^{-11}\ \mathrm{N \cdot kg^{-2} \cdot m^2}$.

Le champ de pesanteur $\vec{g}$ est considéré comme uniforme localement (dans des régions de l'espace de taille petite devant r).

On y confond le poids avec la force de gravitation :

$$\vec{F} = \vec{P} = m\vec{g}.$$

Caractéristiques générales du mouvement ($\alpha \neq \pm\frac{\pi}{2}$)

(Pour $\alpha = \pm\frac{\pi}{2}$, se reporter ▶ Fiche 33).

Dans le référentiel terrestre supposé galiléen, pour le projectile soumis à son seul poids, la deuxième loi de Newton s'écrit :

$$\Sigma\,\vec{F} = m\,\vec{a} = \vec{P} = m\vec{g} \quad \text{d'où} \quad \vec{a} = \vec{g}.$$

– Le mouvement ne dépend pas de m.

– Il est uniforme selon l'horizontale (projections régulièrement espacées).

– Il est uniformément varié selon la verticale (ralenti puis accéléré).

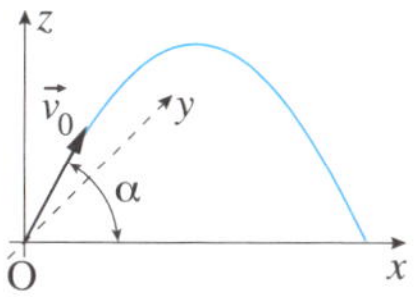

– Portée et flèche ne dépendent que des conditions initiales.

Méthode

Écrire les équations horaires paramétriques du mouvement et l'équation de la trajectoire

• On intègre en tenant compte des conditions initiales.

$$\left| \begin{array}{l} a_x = 0 \\ a_y = 0 \\ a_z = -g \end{array} \right. \quad \left| \begin{array}{l} v_x = v_0 \cos\alpha \\ v_y = v_{0y} = 0 \\ v_z = -gt + v_0 \sin\alpha \end{array} \right. \quad \left| \begin{array}{l} x = v_0 \cos\alpha\, t \\ y = y_0 = 0 \\ z = -\frac{1}{2} gt^2 + v_0 \sin\alpha\, t \end{array} \right.$$

Si $\vec{v_0}$ est dirigée vers les z négatifs : $z = -\frac{1}{2} gt^2 - v_0 \sin\alpha\, t$.

• De $x = v_0 \cos\alpha\, t$ on tire l'expression $t = \frac{x}{v_0 \cos\alpha}$, d'où :

$$\boxed{z = -\frac{1}{2} g \frac{x^2}{v_0^2 \cos^2\alpha} + x \tan\alpha.}$$

Déterminer la vitesse initiale pour atteindre une cible C de coordonnées (*X* ; 0)

• Écrire les équations vérifiées par les coordonnées de C :

$$0 = -\frac{1}{2} g \frac{X^2}{v_0^2 \cos^2\alpha} + X \tan\alpha, \text{ d'où, puisque } X \neq 0 :$$

$$2 \sin\alpha \cos\alpha\, v_0{}^2 = \sin 2\alpha\, v_0{}^2 = gX.$$

$\sin 2\alpha$ est toujours inférieur à 1, donc : $v_0 \geqslant \sqrt{gX}$.

• Montrer que pour v_0 fixée, deux angles de tir sont généralement possibles pour atteindre la cible de coordonnées (X ; 0).

De l'équation $\sin 2\alpha v_0^2 = gX$, on tire $\mathbf{\sin 2\alpha} = \frac{gX}{v_0^2}$.

Deux solutions : α_1 et $\alpha_2 = \frac{\pi}{2} - \alpha_1$.

Le plus grand angle correspond au « tir en cloche », l'autre au « tir tendu ». Le cas particulier $\alpha_1 = \alpha_2 = \frac{\pi}{4}$ correspond à une portée maximale.

Déterminer $\vec{g}$ à partir d'un enregistrement (▶ Fiche 31)

Déterminer graphiquement $\vec{a}$; vérifier que $\vec{a} = \vec{g}$ ($\approx 9{,}8\ \text{m} \cdot \text{s}^{-2}$).

Application

Montrer que les vitesses v_1 et v_2, aux altitudes z_1 et z_2, sont liées par : $v_2^2 - v_1^2 = -2g\,(z_2 - z_1)$.

(Pour une autre méthode ▶ Fiche 38).

Rappel de cours

Énoncé des trois lois de Kepler

• Les planètes décrivent des ellipses dont le Soleil est un des foyers (fig. 1).

• Le segment qui joint le Soleil à une planète balaie des aires égales en des temps égaux.

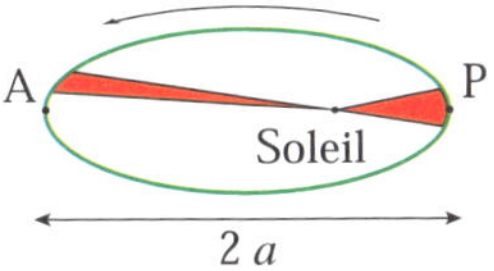

fig. 1

• Si T est la période de révolution et a le demi-grand axe, le rapport T^2/a^3 est constant.

Remarques :

– Ces lois sont empiriques (établies à partir des mesures astronomiques effectuées par les prédécesseurs de Kepler).

– Elles rendent compte du mouvement des planètes autour du Soleil sans expliquer la rotation des planètes sur elles-mêmes.

– Elles sont généralisables aux satellites. Si M est la masse du centre attracteur (soleil, planètes), on a :

$$\frac{T^2}{R^3} = \frac{4\pi^2}{GM}$$

Méthode

Utiliser la troisième loi de Kepler

Mars effectue un tour complet autour du Soleil en 687 jours. Quel est l'ordre de grandeur de la distance Mars-Soleil ?

$$\frac{T_T^2}{R_{T-S}^3} = \frac{T_M^2}{R_{M-S}^3} = \text{cte, d'où } R_{M-S} = \left(\frac{T_M^2}{T_T^2}\right)^{\frac{1}{3}} R_{T-S}$$

$$R_{M-S} = \left(\frac{687}{365}\right)^{\frac{2}{3}} R_{T-S} = 1{,}52\, R_{T-S}.$$

Mars est 1,52 fois plus éloignée du Soleil que la Terre.

De $R_{T-S} = 1{,}5 \cdot 10^6$ km on déduit : $\boldsymbol{R_{M-S} = 2{,}3 \cdot 10^8}$ **km**.

Utiliser la deuxième loi de Newton dans le cas du mouvement circulaire uniforme

• ***Conditions nécessaires au mouvement circulaire uniforme***

– Force radiale (dirigée vers le centre du cercle) : les satellites tournent dans un plan qui contient le centre de la Terre.

– Vitesse initiale v non nulle (ce sera la vitesse du satellite tout au long de son mouvement uniforme).

• ***Altitude d'un satellite***

Dans le référentiel géocentrique considéré comme galiléen, la deuxième loi de Newton s'écrit (fig. 2) en utilisant la base de Frénet (► Fiche 31) :

$$m_p \frac{v^2}{R} = \frac{G m_p M_S}{R^2} \quad \text{d'où} \quad \boxed{v = \sqrt{\frac{G M_S}{R}}}$$

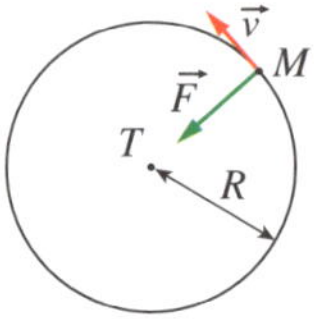

fig. 2

À une valeur de la vitesse ne correspond qu'une seule altitude possible et réciproquement.
Pour un satellite géostationnaire $T = 24$ h. De $Tv = 2\pi R$, on tire, en remplaçant v par l'expression ci-dessus : $\boldsymbol{R = 35\,800}$ **km**.

Application

1 Montrer par des schémas simples qu'un satellite géostationnaire ne peut se trouver qu'à l'équateur.

2 La vitesse d'une planète est-elle plus élevée à l'aphélie (A) qu'au périhélie (P) (fig. 1) ?

3 Interpréter qualitativement le phénomène d'impesanteur ressenti à l'intérieur d'un satellite.

36 SYSTÈMES OSCILLANTS : PENDULE SIMPLE

Rappel de cours

Modèle du pendule simple

C'est un corps ponctuel de masse m, suspendu à un fil inextensible de longueur ℓ et sans masse, oscillant librement sous l'effet de son poids et de la force exercée par le fil.

Période, pseudo-période

Dans le cadre du modèle idéal du pendule simple, l'amplitude des oscillations est constante au cours du temps. La durée d'une oscillation dans le champ de pesanteur est appelée **période propre T_0** :

$$T_0 = 2\pi\sqrt{\frac{\ell}{g}}.$$

Dans le cas réel, il y a **amortissement** des oscillations dont l'amplitude diminue au cours du temps.
On définit la **pseudo-période T.**
Si l'amortissement est très important, on peut observer les régimes critique ou apériodique.

Loi d'isochronisme des petites oscillations

Pour des oscillations de faible amplitude ($\theta < 10°$), la période est indépendante de l'amplitude : il y a alors **isochronisme des petites oscillations**.

Méthode

Préciser les conditions de validité du modèle

– Masse du fil négligeable devant celle du corps.

– Dimensions du corps pesant négligeables devant ℓ.

– Frottement de l'air sur l'ensemble {fil–corps pesant} négligeable devant le poids du corps.

– Oscillations de faible amplitude ($\theta < 10°$).

Justifier la position d'équilibre du pendule simple

• Faire l'inventaire des forces extérieures.

Dans le référentiel terrestre supposé galiléen, la masse m est soumise à $\vec{F}$, force exercée par le fil, et à $\vec{P}$, le poids.

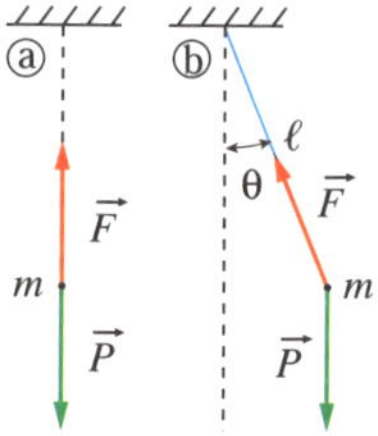

• Appliquer les lois de Newton.

– ⓐ : $\vec{F}$ et $\vec{P}$ se compensent ; m est au repos.

– ⓑ : $\vec{F} + \vec{P} \neq \vec{0}$ donc $m\vec{a} \neq \vec{0}$, le système ne peut rester au repos.

Interpréter l'expression de T_0

• Montrer que l'expression est homogène à un temps.

$[\ell] = [\text{longueur}]$

$[g] = [\text{accélération}] = \text{longueur}][\text{temps}]^{-2}$

$[\ell/g] = [\text{longueur}]\ [\text{longueur}]^{-1}[\text{temps}]^2 = [\text{temps}]^2$

2π est sans dimension, donc $[T_0] = [\ell/g]^{1/2} = [\text{temps}]$

• Prévoir l'effet de la variation d'un paramètre.

– Sur la Lune, la fréquence des oscillations du pendule sera-t-elle plus ou moins grande que sur Terre ?

$g_{\text{Lune}} < g_{\text{Terre}}$ donc la période T_0 des oscillations est plus grande sur la Lune et la fréquence f_0 plus petite ($f_0 = 1/T_0$).

– Si l'on augmente la valeur de m, comment T_0 varie-t-elle ?

La période n'est pas modifiée, T_0 est **indépendante** de m qui n'apparaît pas dans l'expression de T_0 : la période ne dépend que de ℓ et g.

– Si l'on diminue la longueur du fil par 4, qu'en est-il de T_0 ?

T_0 diminue de $\sqrt{4} = 2$, c'est-à-dire de moitié.

Application

1 Quelle expérience peut-on effectuer pour vérifier la loi d'isochronisme des petites oscillations ?

2 Quelle est, sur Terre, la longueur d'un pendule qui « bat la seconde » (il s'écoule une seconde entre deux passages successifs par la position d'équilibre O) ?

3 On définit un régime apériodique. Qu'observe-t-on alors ?

37 SYSTÈMES OSCILLANTS : DISPOSITIF SOLIDE/RESSORT

Rappel de cours

Force de rappel (fig. 1)

$$\vec{F} = -kx\vec{i}$$

k : raideur du ressort
x : allongement algébrique
k en $N \cdot m^{-1}$; x en m ; F en N.

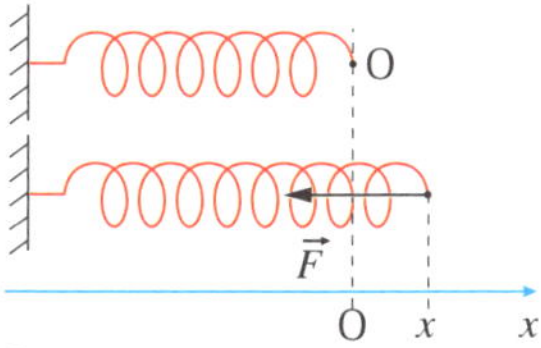

O est la position du solide au repos

fig. 1

Remarque : Distinguer force de rappel (exercée sur le solide) et tension du ressort (exercée sur le ressort ▶ Fiche 38) qui sont opposées.

Cas du dispositif oscillant librement

- Si le frottement est nul, $m\vec{a} = \vec{F}$. On a, sur l'axe Ox : $m\dfrac{d^2x}{dt^2} = -kx$.
- L'équation admet une solution de la forme :

$$x = x_m \cos\left(\frac{2\pi}{T_0}t + \varphi_0\right), \text{ où } T_0 = 2\pi\sqrt{\frac{m}{k}}$$

et φ_0, sans unité, est la phase à l'origine des dates.

Résonance mécanique

On oppose oscillations **forcées** (période T imposée par l'extérieur) et oscillations **libres** (période propre T_0).
L'amplitude des oscillations forcées est d'autant plus grande que la période imposée par **l'excitateur** est voisine de la période propre du **résonateur** : c'est le phénomène de **résonance**.

Méthode

Distinguer oscillations forcées et oscillations libres

Exemple : Oscillation d'une lame métallique
Si la période T d'oscillation de la lame métallique d'un vibreur est imposée par l'électroaimant, il s'agit d'une oscillation forcée dont la période T peut être différente de T_0.
Si la lame oscille à la suite d'un choc donné par un opérateur, la vibration se fait librement et la période de l'oscillation est T_0.

Identifier excitateur et résonateur

Exemple : Un enfant assis sur une balançoire est poussé par un adulte. L'enfant et la balançoire sont le résonateur. L'adulte est l'excitateur. Les efforts de l'adulte sont d'autant plus efficaces que la poussée est régulière, de période $T \approx T_0$. C'est le phénomène de résonance.

Faire l'étude dynamique du système dans le cas général

• ***Écrire la deuxième loi de Newton lorsque le frottement f n'est pas négligeable***

Dans le référentiel terrestre, le solide de masse m est soumis :
- à son poids $\vec{P}$: $P = mg$;
- à la réaction $\vec{R}$ exercée par le support : $R = P$;
- au frottement $\vec{f}$ de sens opposé à celui du mouvement ;
- à la force de rappel $\vec{F} = -kx\vec{i}$ exercée par le ressort.

Si $\vec{P}$ et $\vec{R}$ se compensent (solide au repos selon l'axe vertical), on a, en application de la deuxième loi de Newton :

$$m\vec{a} = \vec{P} + \vec{R} + \vec{f} + \vec{F} = \vec{0} + \vec{f} + \vec{F}$$

• ***Représenter $\vec{f}$***

$\vec{f}$ est de sens opposé à celui du mouvement, le frottement est toujours dirigé dans le sens opposé à la vitesse (fig. 2).

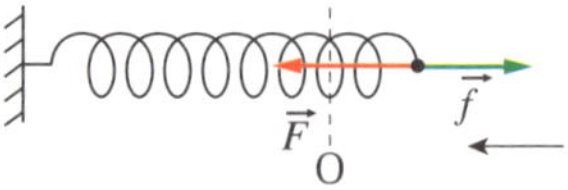

fig. 2

Application

1 Vérifier que $T_0 = 2\pi\sqrt{\frac{m}{k}}$ est homogène à un temps (▶ Fiche 2).

2 Pour connaître sa masse, un astronaute ne peut utiliser les balances classiques, pourquoi ? Il prend place dans une cabine mobile reliée à deux ressorts de raideur k (fig. 3). Le dispositif équivaut à un système comprenant un seul ressort de raideur $2k$. Expliquer le principe de cette pesée.

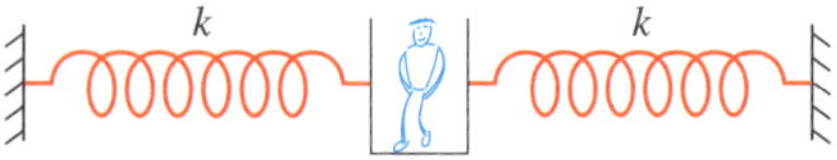

fig. 3

Rappel de cours

Travail d'une force lors d'un déplacement AB

• Travail de la tension d'un ressort (fig. 1) :

$$W(\vec{F})_{A\to B} = \int_A^B kx\mathrm{d}x = \left[\frac{1}{2}kx^2\right]_{x(A)}^{x(B)} = \frac{1}{2}kx_B^2 - \frac{1}{2}kx_A^2$$

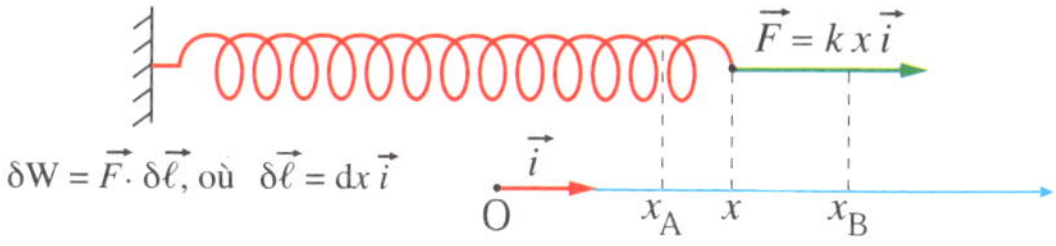

fig. 1

• Travail du poids (fig. 2)

$\vec{P} = -m\vec{g}$; $W(\vec{P})_{A\to B} = \int_A^B \vec{P}\cdot\delta\vec{\ell}$.

Comme $\vec{P}$ est constant,

$$W(\vec{P})_{A\to B} = \vec{P}\int_A^B \delta\vec{\ell} = \vec{P}\cdot\vec{AB}$$

$$W(\vec{P})_{A\to B} = mgz_A - mgz_B = mgh.$$

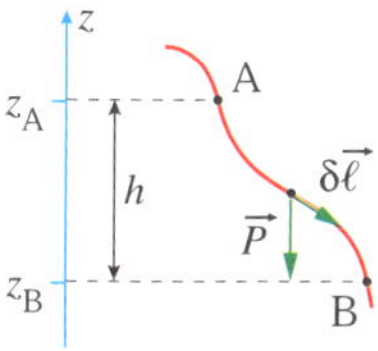

fig. 2

$W_{A\to B}$ est indépendant du chemin suivi (ne dépend que de h).

Énergie potentielle

Énergie potentielle élastique du ressort : $E_p = \frac{1}{2}kx^2$.

Énergie potentielle de pesanteur : $E_p = mgz$.

Énergie mécanique : $E = E_p + E_c$

Lorsque les variations d'énergie potentielle compensent les variations d'énergie cinétique, l'énergie mécanique définie par $E = E_p + E_c$ reste constante : le système est dit conservatif.

Lorsqu'il y a frottement, de l'énergie est dissipée sous forme de chaleur : le système n'est pas conservatif.

Méthode

Montrer par le calcul qu'un système est conservatif

Système {solide-ressort} lâché de x_m sans vitesse initiale :

$$x = x_m \cos\left(\frac{2\pi}{T_0}t + \varphi_0\right) \text{ avec } T_0 = 2\pi\sqrt{\frac{m}{k}}.$$

On calcule v : $v = -x_m\sqrt{\frac{k}{m}}\ \sin\left(\frac{2\pi}{T_0}t + \varphi_0\right)$.

On calcule $E = E_P + E_c = \frac{1}{2}kx^2 + \frac{1}{2}mv^2$. En utilisant la relation $\cos^2\alpha + \sin^2\alpha = 1$, l'expression de E se simplifie : $E = E_p + E_c = \frac{1}{2}kx^2_m$.

Établir graphiquement l'expression du travail d'une force

Le travail élémentaire de la force $\vec{F} = kx\vec{i}$ exercée sur le ressort au cours du déplacement δx est égal à l'aire hachurée (fig. 3). Le travail total au cours du déplacement de A à B est égal à l'aire du trapèze PP'Q'Q.

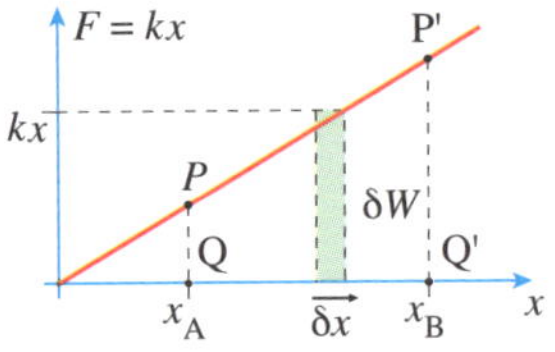

fig. 3

Interpréter le stockage ou le déstockage d'énergie potentielle : cas du ressort

Si le système est lâché de x_m sans vitesse initiale, l'énergie totale est l'énergie potentielle initiale transférée par l'opérateur $\left(\frac{1}{2}kx^2_m\right)$. E_p est ensuite déstockée : E_c augmente.

Au passage par O ($x = 0$), E_p est nulle, E_c est maximale et vaut $\frac{1}{2}kx^2_m = \frac{1}{2}mv^2_m$. Puis E_c diminue au profit de E_p qui est restockée.

Application

1 Pourquoi, lors de l'étude du système {solide-ressort}, écrit-on $\vec{F} = kx\vec{i}$ et non $\vec{F} = -kx\vec{i}$ (comme dans la Fiche 37) ?

2 Calculer à la cote $z = -5$ m la vitesse d'un corps lâché verticalement sans vitesse initiale de l'altitude $z = 0$ m ?

Rappel de cours

Forces d'interactions gravitationnelle et électrostatique

$$F_{\text{él. A/B}} = k\,\frac{q_A q_B}{d_{AB}^2} \qquad F_{\text{grav. A/B}} = G\frac{m_A m_B}{d_{AB}^2}$$

$k = 9 \cdot 10^9$ S.I. ; $G = 6{,}67259 \cdot 10^{-11}$ S.I. ; F en newton (N) ;
m en kilogramme (kg) ; q en coulomb (C) ; d en mètre (m).

Quantification des échanges d'énergie, quanta d'énergie

• ***Hypothèse de Planck :*** Les échanges énergétiques se font par « **quantum d'énergie** » ΔE : $\Delta E = h\nu$ (h constante de Planck).
$h = 6{,}62 \cdot 10^{-34}$ J · s, ΔE en joule (J), ν en hertz (Hz).

• ***Hypothèse d'Einstein :*** Les échanges énergétiques correspondent à l'absorption ou à l'émission d'une particule appelée photon.
Symbole : γ ; masse nulle ; charge nulle ; énergie $E = h\nu$.

• ***Postulats de Bohr***
– Il n'existe qu'un nombre discret de niveaux d'énergie :

$$E_1, \ldots, E_n \ldots$$

– Si l'atome est dans un état d'énergie E_n, il peut y avoir absorption ou émission d'une radiation électromagnétique de fréquence ν s'il existe un état E_p de l'atome tel que :

$$\nu = \frac{|E_n - E_p|}{h}.$$

Méthode

Convertir les joules en électronvolts et réciproquement

Utiliser la définition 1 eV = $1{,}6 \cdot 10^{-19}$ J (▶ Fiche 18).

Déterminer la longueur d'onde d'une radiation

Utiliser la relation valable dans le vide : $\lambda = \frac{c}{\nu}$ (▶ Fiche 12).

Interpréter un diagramme énergétique (fig. 1)

• ***Repérer les états caractéristiques :***

– État de référence : $E = 0$; seuil de première ionisation (atome auquel on a arraché un électron).

– État fondamental : $E_1 = -E_0$; état de repos. E_0 est l'énergie à fournir à l'atome dans son état de repos pour lui arracher le premier électron.

– États excités : énergie E_n (toujours négative).

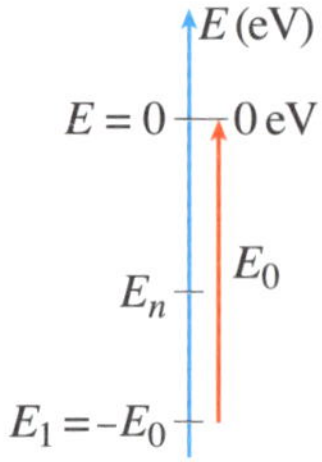

fig. 1

• ***Calculer la longueur d'onde d'une radiation émise ou absorbée :***

Calculer $E_n - E_p$, puis $\nu = \dfrac{|E_n - E_p|}{h}$, puis $\lambda = \frac{c}{\nu}$.

On calculerait de même E_p à partir des données de E_n et λ…

Interpréter un spectre d'absorption moléculaire (fig.2)

Les raies ou bandes d'absorption sont caractéristiques de certains types de liaison.

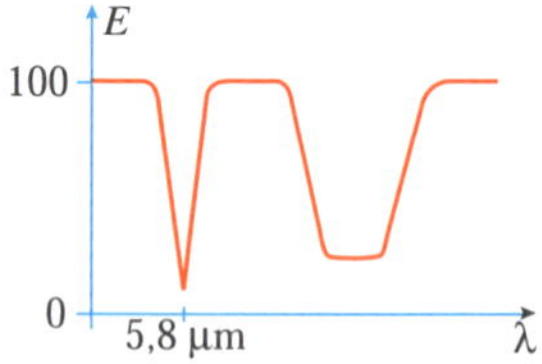

fig. 2

Exemple : Absorption pour $\lambda = 5{,}8$ µm caractéristique d'une liaison C–H.

Application

1 Calculer le rapport des forces gravitationnelle et électrostatique exercées par le noyau d'hydrogène sur son électron.

Données : $r = 53$ pm, $e = 1{,}6 \cdot 10^{-19}$ C, $m_p = 1{,}66 \cdot 10^{-27}$ kg, $m_e = 9{,}1 \cdot 10^{-31}$ kg (pour ε_0 et G, voir au recto).

2 Le nombre d'états d'énergie possibles d'un atome est-il fini ?

40 MÉCANIQUE : EXERCICES DE SYNTHÈSE

Énoncé 1

On a enregistré la trajectoire circulaire de rayon $R = 6{,}4$ m d'un mobile de masse $m = 65$ g.

La durée séparant deux positions successives est 2,7 s.

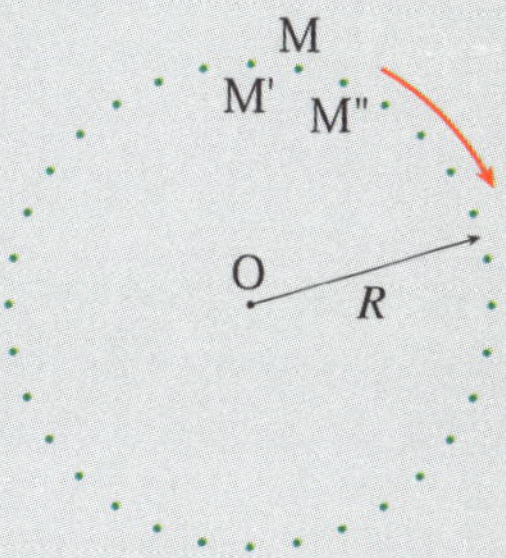

1 Quelle est la durée T d'un tour et la valeur de la vitesse v du mobile ?

2 Construire $\vec{v}'$ et $\vec{v}''$ (échelle 1 cm ≈ 2 $\text{cm} \cdot \text{s}^{-1}$), puis $\overrightarrow{\Delta v}$.

3 En déduire la valeur a du vecteur accélération $\vec{a}$.

4 Tracer $\vec{a}$ en M (échelle 1 cm ≈ $2 \cdot 10^{-2}$ $\text{cm} \cdot \text{s}^{-2}$).

5 Calculer $a_n = \dfrac{v^2}{R}$. Pourquoi $a_t = \dfrac{\mathrm{d}v}{\mathrm{d}t}$ est-elle nulle ?

Comparer aux résultats graphiques de la question 4.

6 Calculer la valeur de la force $\vec{F}$ à laquelle est soumis le mobile.

Indications

1 Utiliser la donnée $\tau = 2{,}7$ s. Justifier l'uniformité du mouvement avant de calculer v.

2 Reprendre la valeur de v, calculée au **1**. (▶ Fiche 31).

3 On peut garder le cm comme unité de longueur (vitesses en $\text{cm} \cdot \text{s}^{-1}$, etc.) mais la conversion sera nécessaire au 6.

4 a et v n'ont pas la même unité ; redéfinir une échelle.

5 Revoir les particularités du mouvement circulaire uniforme.

6 Convertir pour utiliser la relation $F = ma$ (▶ Fiches 31 et 32) et utiliser la valeur de a calculée au **5**.

Énoncé 2

1 Mouvement d'un obus dans le champ de pesanteur terrestre

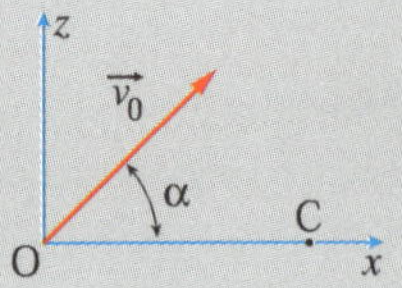

Un obus est lancé du point O avec une vitesse initiale inclinée d'un angle $\alpha < 90°$ sur l'horizontale. On néglige le frottement de l'air sur l'obus. On donne : $v_0 = 800\ \text{m} \cdot \text{s}^{-1}$ et $g = 9{,}8\ \text{m} \cdot \text{s}^{-2}$.

L'équation de la trajectoire est : $z = -\frac{1}{2} g \frac{x^2}{v_0^2 \cos^2\alpha} + x \tan\alpha$.

a. L'obus est-il en chute libre ?

b. Déterminer la valeur des angles α_1 et α_2 qui permettent d'atteindre la cible C située à 20 km du point de lancement. Tracer l'allure de ces trajectoires.

c. Quel type de tir sera privilégié ?
Comment la trajectoire des tirs serait-elle modifiée si l'on tenait compte des frottements de l'air sur l'obus ?

2 Mouvement d'un pendule dans le champ de pesanteur

Un pendule de longueur ℓ et de masse m, assimilé à un pendule simple, est lâché sans vitesse initiale d'une hauteur h, mesurée à partir de sa position d'équilibre. Le fil fait alors un angle α avec la verticale.

a. Le corps de masse m est-il en chute libre ?

b. On suppose le système conservatif : calculer en fonction de h, puis de α et ℓ, la vitesse maximale du corps de masse m.

c. Quel(s) type(s) de régime(s) observe-t-on si le système est conservatif ? S'il n'est plus conservatif ?

Indications

1 a., 2 a. Inventorier les forces (▶ Fiches 33 et 36).

1 b. Écrire que $z_C = 0$ et $x_C = 20$ km (▶ Fiche 34).

2 b. Écrire l'expression de l'énergie mécanique $E = E_c + E_p$ où l'énergie potentielle de pesanteur vaut $E_p = mgz$ (▶ Fiche 38).

2 c. Nommer les trois régimes (▶ Fiches 26, 36 et 37).

Rappel de cours

Lentilles minces convergentes

fig. 1

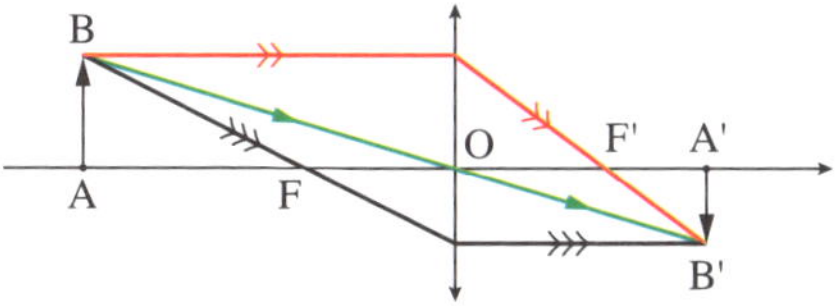

Distance focale image : $f' = \overline{OF'}$ Distance focale objet : $f = -f' = \overline{OF}$.

Vergence : $C = \dfrac{1}{\overline{OF'}} = \dfrac{1}{f'}$.

C s'exprime en dioptrie (δ) et f' en mètre (m).
C est positive pour une lentille convergente.

Construction des images

Utiliser les propriétés de trois rayons particuliers :

– un rayon qui passe par le centre optique n'est pas dévié ;

– un rayon incident, parallèle à l'axe optique, émerge en passant par le foyer image F' ;

– un rayon incident passant par le foyer objet F, émerge parallèlement à l'axe optique.

fig. 2

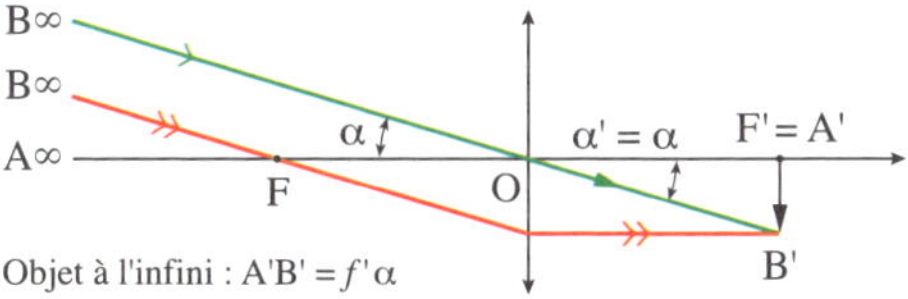

Relations de conjugaison pour les lentilles minces

$$\boxed{\frac{1}{\overline{OA'}} - \frac{1}{\overline{OA}} = \frac{1}{\overline{OF'}} = \frac{1}{f'}} \quad \text{ou} \quad \boxed{\frac{1}{\overline{OA}} - \frac{1}{\overline{OA'}} = \frac{1}{\overline{OF}} = \frac{1}{f}}$$

Grandissement transversal : $\gamma = \boxed{\dfrac{\overline{A'B'}}{\overline{AB}} = \dfrac{\overline{OA'}}{\overline{OA}}}$.

γ est négatif si l'image est renversée.

Conditions de Gauss

Elles sont remplies si l'image est de bonne qualité pour le récepteur. Condition nécessaire : rayons paraxiaux (peu inclinés sur l'axe optique et près de l'axe).

Elles ne sont pas remplies si l'image n'est pas de bonne qualité pour le récepteur (image déformée donnée par un œilleton de porte, etc.).

Méthode

Utiliser les relations de conjugaison

Exemple : On place en A, à 25 cm d'une lentille convergente de distance focale $f' = 10$ cm, un objet AB de hauteur 7,5 mm perpendiculairement à l'axe optique. Calculer la position, le grandissement et la hauteur de l'image correspondante.

• Traduire les données du texte :

$\overline{OA} = -25$ cm, $f' = 10$ cm, $\overline{AB} = 7{,}5$ mm.

• Utiliser les relations : $\dfrac{1}{\overline{OA'}} - \dfrac{1}{\overline{OA}} = \dfrac{1}{f'}$ et $\gamma = \dfrac{\overline{A'B'}}{\overline{AB}} = \dfrac{\overline{OA'}}{\overline{OA}}$.

Numériquement : $\dfrac{1}{\overline{OA'}} = -\dfrac{1}{25} + \dfrac{1}{10} = \dfrac{15}{250}$ soit $\overline{OA'} = \mathbf{16{,}7\ cm}$

et $\gamma = \dfrac{\overline{OA'}}{\overline{OA}} = \dfrac{250}{15 \times (-25)} = \mathbf{-0{,}66}$ (nombre sans dimension),

soit $\overline{A'B'} = \gamma\, \overline{AB} = \dfrac{\overline{OA'}}{\overline{OA}}\, \overline{AB} = \dfrac{250}{15 \times (-25)} \times 7{,}5 = \mathbf{-5{,}0\ mm}$.

Attention ! Il faut revenir aux formules littérales pour trouver 5 mm ! Mais les conversions sont inutiles : les mesures horizontales peuvent être dans une unité, les mesures verticales dans une autre. L'image est renversée ($\overline{A'B'}$ négatif).

Application

Retrouver graphiquement le résultat de l'exemple :

image renversée et $\overline{A'B'} = -5$ mm.

Rappel de cours

Définitions

• Diamètre apparent d'un objet : angle α sous lequel est vu l'objet.

• Grossissement G : si un instrument d'optique permet de voir un objet sous l'angle α', alors qu'il est vu à l'œil nu sous l'angle α, on a : $G = \alpha'/\alpha$.

• Cercle oculaire : image de l'objectif donnée par l'oculaire.

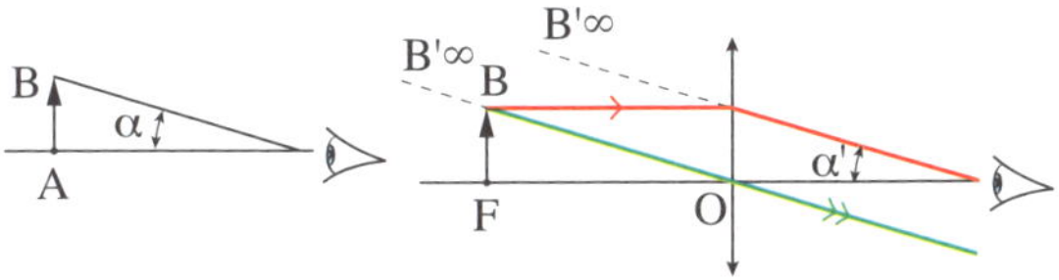

fig. 1 Exemple de la loupe.

Instruments d'optique

• ***Microscope et lunette :*** Ils sont modélisés par l'association de deux lentilles : objectif et oculaire.

– L'objectif d'une lunette, de grande focale (dizaines de cm), forme une image intermédiaire d'un objet très éloigné.

– L'objectif d'un microscope, de très courte focale (quelques mm), forme une image intermédiaire d'un objet très proche.

– L'oculaire joue le rôle d'une loupe de très courte focale donnant une image définitive agrandie de l'image intermédiaire.

• ***Télescope :*** Il est modélisé par l'association d'un miroir sphérique et d'un système miroir secondaire (oculaire).

Choix de construction des instruments d'optique

• L'œil doit recevoir le maximum de lumière.

C'est le cas si sa pupille est superposée au cercle oculaire (image de l'objectif donnée par l'oculaire) : toute la lumière ayant traversé l'objectif pénètre alors dans l'œil.

• L'observation est moins fatigante si l'image définitive est à l'infini. C'est le cas lorsque l'image intermédiaire se forme dans le plan focal objet de l'oculaire.

Exemple : Lunette **afocale :** F'_1 et F_2 sont confondus.

Méthode

Construire l'image donnée par un miroir sphérique (fig. 2)

– Un rayon passant par C est réfléchi sur lui-même.

– Un rayon incident parallèle à l'axe optique est réfléchi vers le foyer F.

– Un rayon passant par F est réfléchi parallèlement à l'axe optique.

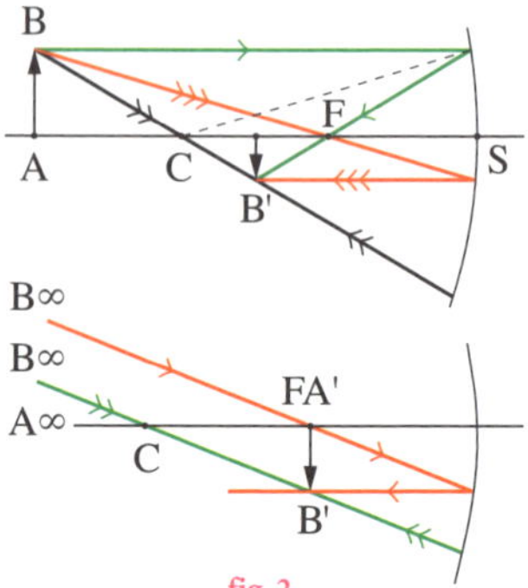

fig. 2

Construire la marche d'un faisceau lumineux à travers un instrument d'optique

• Construire l'image A'B' intermédiaire de l'objet AB donnée par (L_1).

• Construire l'image A'B'' définitive que la lentille (L_2) donne de l'image intermédiaire.

• Pour une lunette afocale, A'B'' se forme dans le plan focal image de (L_1). Placer (L_2) de façon que A'B' soit aussi dans son plan focal objet.

Application

1 Peut-on se servir de l'objectif et de l'oculaire d'une lunette pour fabriquer un microscope ?

2 Schématiser une lunette afocale.

Rappel de cours (voir aussi ▶ Fiche 9)

Excitation sinusoïdale d'une corde tendue entre deux points fixes ou d'un tuyau sonore ouvert

• Si l'excitation est sinusoïdale (longitudinale pour la colonne d'air, transversale pour la corde), il y a résonance pour certaines valeurs de la fréquence : $f_1, f_2, ...$ appelées **fréquences propres** de vibration.

• On constate la quantification des modes propres : $\boxed{f_n = n f_1.}$

– La plus basse fréquence f_1 est le mode fondamental ($n = 1$).

– Les autres fréquences, qui sont des multiples de f_1, sont les harmoniques supérieures : $f_n = n f_1$.

Interprétation ondulatoire : ondes stationnaires

• ***Cas de la corde***

Pour les fréquences propres f_n, la superposition de l'onde incidente et de son onde réfléchie, se propageant à la célérité v, donne naissance à un phénomène d'onde stationnaire : aucune onde ne semble plus se propager.

La corde présente des fuseaux.

Ce phénomène s'observe aussi pour des ondes sur l'eau, dans un tube, etc.

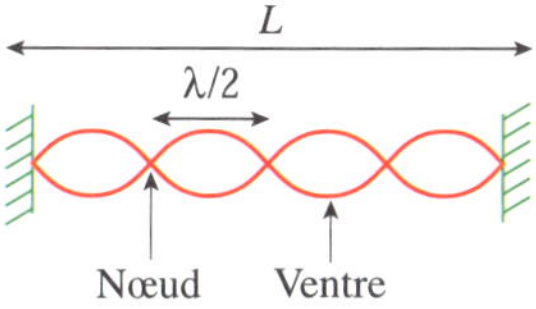

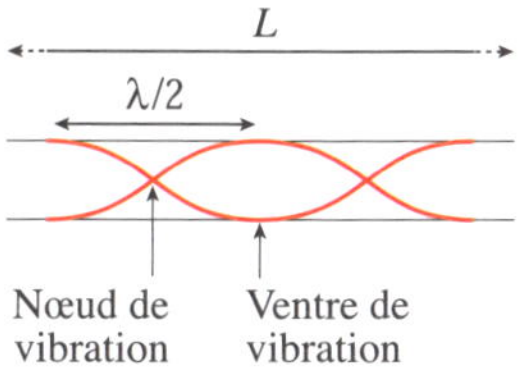

• ***Généralisation***

n fuseaux dans le mode n :

$$L = \frac{n\lambda_n}{2} \; ; \; \boxed{f_n = \frac{v}{\lambda_n} = \frac{n\,v}{2L}}$$

f_n s'exprime en Hz, L en m et v en $m \cdot s^{-1}$.

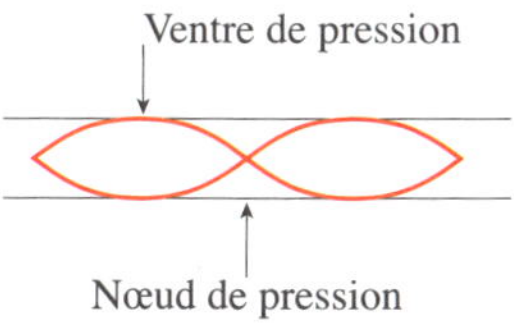

Méthode

Déterminer les modes propres de vibration

Exemple 1 : Déterminer la fréquence du mode fondamental d'un tuyau sonore de longueur $L = 38{,}5$ cm. Calculer sa longueur d'onde (on donne la vitesse du son dans l'air : $v = 340\ \text{m} \cdot \text{s}^{-1}$).

• Appliquer la relation : $f_n = \dfrac{nv}{2L}$, soit $f_1 = \dfrac{1 \times 340}{0{,}77} = 4{,}4 \cdot 10^2$ Hz.

Le tuyau donne approximativement le la_3 (*la* du diapason).

• Écrire $\lambda_n = \dfrac{v}{f_n}$ ou $L = \dfrac{n\lambda_n}{2}$: $\lambda_1 = 2\,L = \mathbf{77\ cm}$.

Exemple 2 : Déterminer la longueur d'onde λ_1 et la fréquence f_1 du fondamental d'une corde de longueur $L = 38{,}5$ cm.

• Comme dans l'exemple 1 : $\lambda_1 = 2\,L = 77$ cm.

• Pour calculer f_1, il manque la donnée de v : cette célérité dépend de la tension de la corde. Plus la corde est tendue plus f_1 est élevée et plus le son émis par la corde est aigu.

Interpréter une expérience de stroboscopie

• Les vibrations d'une corde sont souvent trop élevées pour permettre une observation directe de la corde ; on utilise alors un éclairage stroboscopique.

• Lorsque la fréquence des éclairs est égale à la fréquence de la vibration, la corde, qui n'est éclairée qu'aux instants où elle se trouve dans le même état vibratoire, apparaît immobile.
Si la fréquence des éclairs est très légèrement différente de celle de la vibration de la corde, on voit la corde vibrer « au ralenti ».

Application

La note la_4 (*la* 880) est émise par une corde de masse $m = 1$ g et de longueur $L = 60$ cm. Calculer la tension de la corde sachant que la fréquence du mode fondamental d'une corde est donnée par :

$$f_0 = \frac{1}{2\,L}\sqrt{\frac{T}{\mu}}$$

où μ est la masse linéique de la corde et T sa tension.

Rappel de cours

Son émis par un instrument

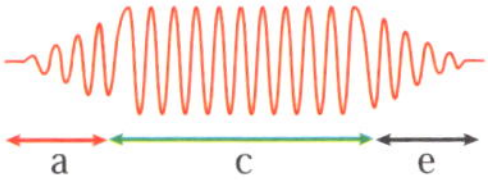

fig. 1

L'excitation d'une corde ou d'une colonne d'air est rarement sinusoïdale : le son produit n'est pas **pur**. Ce son **complexe** est en fait la superposition des différents modes de la corde ou du tuyau. Cette superposition complexe varie au cours du temps. Elle est différente pendant l'**attaque (a)**, l'**extinction (e)** , le **corps (c)** de la note (fig. 1).

Caractéristiques d'un son

• Intensité : Elle est caractérisée par l'amplitude de la tension correspondant au signal transmis par le microphone.

• Hauteur : Elle est caractérisée par la fréquence du fondamental ; plus elle est élevée, plus le son est aigu. Les sons audibles sont compris entre 20 Hz et 18 kHz.

• Timbre : Il dépend de la fréquence et des intensités respectives des harmoniques ainsi que de leurs transitoires d'attaque et d'extinction.

Gamme tempérée : octave divisée en 12 demi-tons

Par définition, pour deux notes de fréquences $f_1 > f_2$ séparées :
– d'une octave : $f_1/f_2 = 2$;
– d'un demi-ton : $f_1/f_2 = \sqrt[12]{2}$;
– d'une quinte : $f_1/f_2 = 3/2$;
– d'une tierce : $f_1/f_2 = 5/4$.

Niveau sonore $L = 10 \log (I/I_0)$

I : intensité sonore, exprimée en $W \cdot m^{-2}$.
I_0 : intensité sonore prise comme référence ; $I_0 = 10^{-12}\ W \cdot m^{-2}$.
L : sans dimension, s'exprime en décibel acoustique (dBA).
L augmente de 3 dBA si l'intensité sonore est multipliée par 2.

Méthode

Interpréter un spectre de fréquences (fig. 2)

– La plus basse fréquence, f_1 ou fondamental, donne son nom à la note émise par l'instrument.

– Les fréquences f_2, f_3, … sont les harmoniques supérieures.

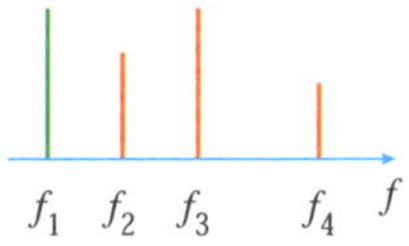

fig. 2

– Le timbre de l'instrument est d'autant plus riche qu'il y a davantage de fréquences présentes dans le spectre.

Commenter un audiogramme (fig. 3)

• Audiogramme : courbe donnant le seuil de perception de sons en fonction de leur fréquence. On trace $L = f(f)$ ou $I = f(f)$.

• L'échelle logarithmique horizontale permet de représenter sur un même axe les fréquences de 20 Hz à 20 000 Hz.
L'échelle verticale $L = f(f)$ n'est pas logarithmique, mais elle l'est pour $I = f(f)$ (I peut varier de 10^{-12} à 25 $W \cdot m^{-2}$).

• La courbe présente un minimum entre 1 000 Hz et 5 000 Hz, domaine de sensibilité maximale de l'oreille.

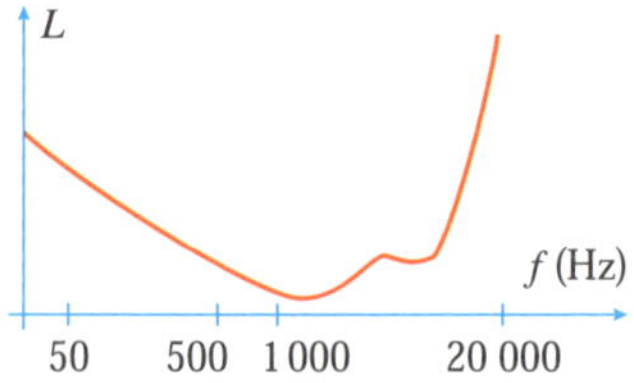

fig. 3

Application

1 Un violoniste appuie fortement au milieu de la corde la_3. Quelle est la note ainsi jouée ?

2 On dit que l'on joue « l'harmonique » lorsqu'on appuie très légèrement sur la corde en son milieu sans toutefois la plaquer contre la touche : la corde vibre alors sur toute sa longueur.

a. Dans quel mode « oblige-t-on » alors la corde à vibrer ? (On pourra faire un schéma.) Quelle note entend-on ?

b. La note sonne-t-elle comme à la question **1** ?

Rappel de cours

Modulation d'amplitude

• **Onde porteuse** : caractérisée par $u(t) = u_{max} \cos(2\pi f_p\, t)$.

• **Tension modulante** : signal $u_s(t)$ à transmettre.

• **Modulation d'amplitude** : l'amplitude devient fonction affine du signal $u_s(t)$ donc :

$$u(t) = (a\, u_s(t) + b) \cos(2\pi f_p\, t).$$

Propriétés du signal modulé lorsque $u_s(t) = U_s \cos(2\pi f_s\, t)$

Les quatre expressions de $u(t)$ ci-dessous sont équivalentes :

(1) $u(t) = (a\, U_s \cos(2\pi f_s t + \phi) + b) \cos(2\pi f_p t)$

(2) $u(t) = A(1 + m \cos 2\pi f_s\, t) \cos(2\pi f_p t)$

(3) $u(t) = k\big(U_0 + U_s \cos(2\pi f_s\, t)\big)\, U_m \cos(2\pi f_p t))$

(4) $u(t) = K[\cos(2\pi f_p t) + \frac{m}{2} \cos(2\pi(f_s - f_p)t) + \frac{m}{2} \cos(2\pi(f_s + f_p)t)]$

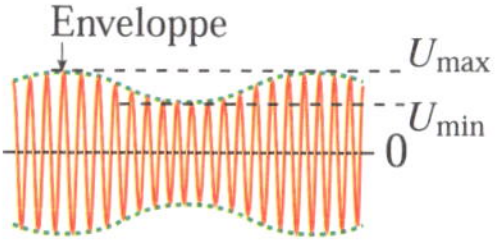

fig. 1 Signal modulé

• Le signal modulant $u_s(t)$ correspond (à une constante près) à l'enveloppe du signal modulé (fig. 1).

Méthode

Interpréter les expressions de $u(t)$

• À partir de (2) : $U_{max} = A(1 + m)$; $U_{min} = A(1 - m)$.

• À partir de (1) et (3) : u_m est une fonction affine de u_s :
$u_m(t) = a\, U_s \cos(2\pi f_s\, t) + b = k\big(U_0 + U_s \cos(2\pi f_s\, t)\big)\, U_m$
U_0 est la tension ajoutée à U_s lors de l'obtention de la modulation.

• À partir de (4) : $u(t)$ est la somme de trois fonctions sinusoïdales de fréquences : f_p, $(f_p - f_s)$ et $(f_p + f_s)$.
Le signal modulé occupe la bande : $[(f_p - f_s), (f_p + f_s)]$.

Interpréter la largeur de bande $[(f_p - f_s), (f_p + f_s)]$

• Transmettre des signaux audibles nécessite des bandes de fréquence de largeur 40 Hz (car $0 \text{ Hz} < f_s < 20 \text{ kHz}$). En réalité la bande est moins large et les aigus sont appauvris.

• Les fréquences f_p des ondes porteuses doivent être :
– assez écartées pour que les émissions n'interfèrent pas ;
– très supérieures aux fréquences f_s des signaux à transmettre.

Passer d'une expression de $u(t)$ à une autre

• De (1) à (4) : développer (1) et utiliser la relation :

$$2 \cos a \cos b = \cos(a + b) + \cos(a - b).$$

• De (4) à (1) : développer $\cos(2\pi(f_p - f_s)t)$ et $\cos(2\pi(f_p + f_s)t)$ puis mettre en facteur $\cos(2\pi f_p)t$.

Interpréter des oscillogrammes (fig. 2 et 3)

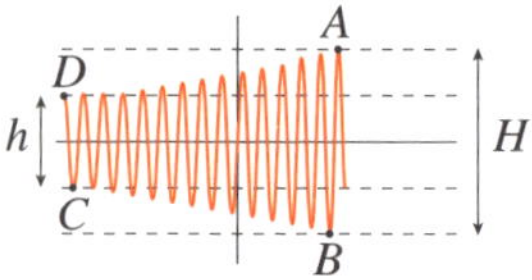

fig. 2 Estimer la modulation par la méthode du trapèze

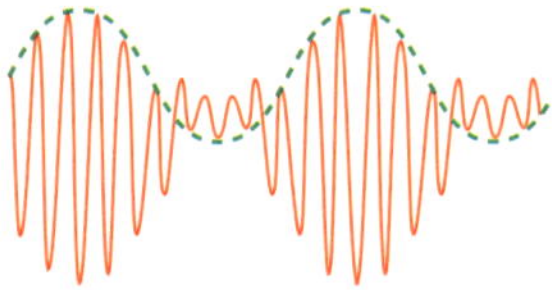

fig. 3 Signal surmodulé

• ***Calculer m* (cas $m < 1$)**
Oscilloscope utilisé en X-Y (▶ Fiche 7)
en X : $u_s(t)$ (modulante)
en Y : $u(t)$ (modulée)

$$m = \frac{H - h}{H + h}$$

• ***Identifier la surmodulation***
$m > 1$: l'amplitude instantanée $u_m(t) = A\left(1 + m\cos(2\pi f_s t)\right)$ est parfois négative.
Il y a distorsion du signal.
L'enveloppe ne correspond plus au signal.

Application

1 À l'aide de l'expression (2) montrer que :

$$m = \frac{U_{max} - U_{min}}{U_{max} + U_{min}} .$$

2 Utiliser (2) pour donner l'expression de y_A, y_B, y_C et y_D en fonction de A et m puis retrouver l'expression de m.

Rappel de cours

Récepteur radio : sélectionner une tension modulée

Si u_a, de fréquence f_a, correspond au signal reçu par l'antenne, on observe lorsque :

$$f_a = f_0 = \frac{1}{2\pi\sqrt{LC''}}.$$

– une résonance en tension (l'amplitude de u est maximale, le circuit (fig. 1) est dit *passe-bande pour la tension*) ;

– une intensité minimale (le circuit est dit *bouchon pour l'intensité*).

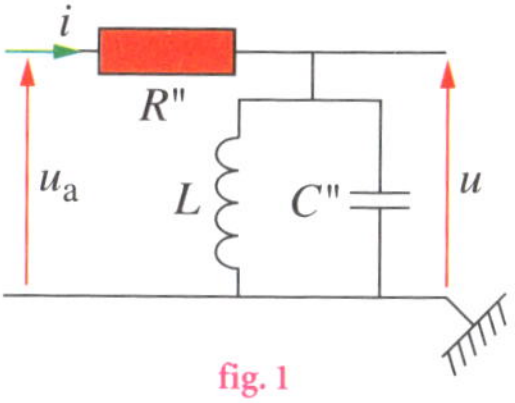

fig. 1

Détection d'enveloppe : ensemble diode – montage *RC* parallèle (fig. 2 et 3)

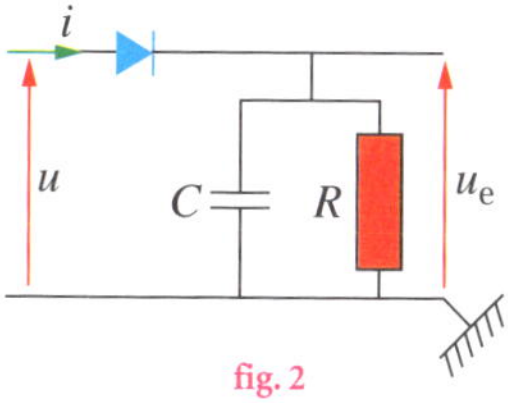

fig. 2

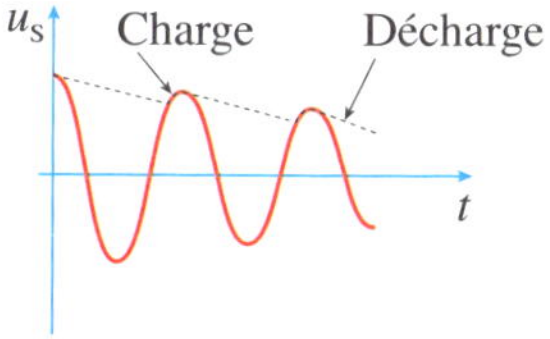

fig. 3

Élimination de la composante continue : filtre passe-haut *R'C'* (fig. 4)

Un condensateur ne laisse pas passer les basses fréquences : en courant continu, il se comporte comme un interrupteur.

L'enveloppe correspond, avec les notations de la Fiche 45, à :

$$U_0 + U_s \cos(2\pi f_s t).$$

Le filtre passe-haut permet de restituer le signal transporté :

$$U_s \cos(2\pi f_s t).$$

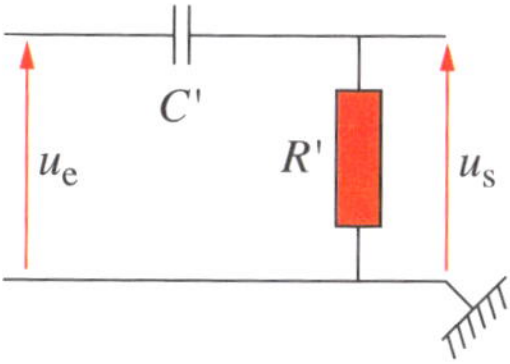

Méthode

Commenter la courbe de la figure 3

Lorsque u est croissante, le condensateur se charge.

Dès que u décroît, $\frac{dq}{dt} = i = C\frac{du}{dt}$ est négative.

Or la diode ne laisse passer le courant que lorsque i est positif. Donc, dès que $u(t)$ est décroissante, le condensateur se décharge dans le conducteur ohmique R.

Proposer une valeur pertinente de *RC*

$RC >> t_p$: décharge très lente (il n'y a effet de « lissage » que si C est à peine déchargée, lorsque u redevient positive).

$RC << t_s$: pour que u_e reproduise les variations de l'enveloppe.

Replacer correctement les différentes étapes de la restitution d'un signal transmis

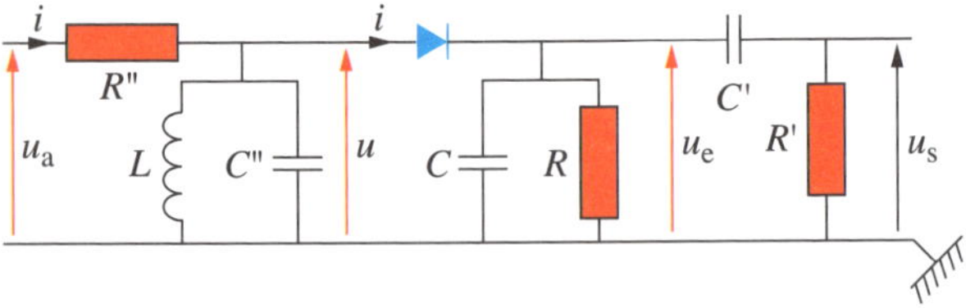

fig. 5 L'intensité i qui traverse la diode est celle qui traverse R'' (circuit LC'' bouchon en intensité).

Application

1 Pourquoi le filtre passe-bande LC'' doit-il être assez sélectif, tout en laissant passer une assez large bande de fréquences ?

2 $L = 0{,}80$ mH. Calculer la valeur de C'' à donner à la capacité du condensateur pour capter France Inter ($f = 162$ kHz).

47 SPÉCIALITÉ : EXERCICE DE SYNTHÈSE

Énoncé

1 Lunette de l'observatoire de Meudon

La lunette, supposée afocale, est modélisée par deux lentilles (L_1) et (L_2) de distances focales $f_1 = 10$ cm et $f_2 = 1$ cm.

L'axe optique de la lunette passe par le centre de l'astre.

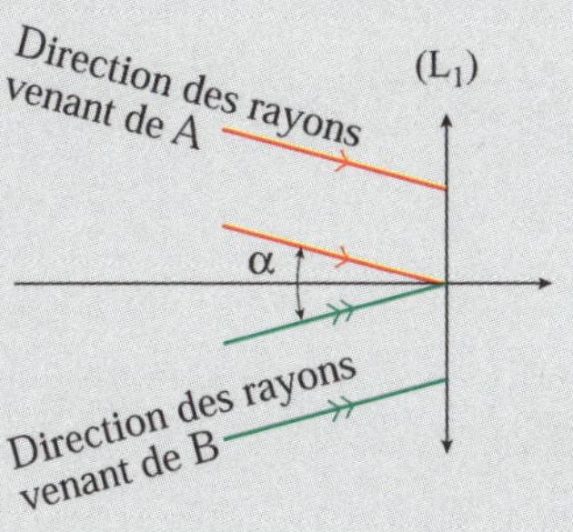

a. Peut-on supposer que l'on est dans les conditions de Gauss ?

b. Quel est le diamètre apparent de l'astre vu à l'œil nu ?

c. Reproduire la figure (échelle 1 sur l'axe optique) et la compléter en traçant (L_2).

Tracer la marche des rayons à travers la lunette .

d. Quel est le rôle de (L_2) ? Justifier les choix de f_1 et f_2.

e. Quel est l'intérêt de la lunette afocale ?

f. On appelle β le diamètre apparent de l'astre à travers la lunette.

Donner l'expression du grossissement $G = \beta/\alpha$ en fonction de f_1 et f_2.

g. À l'œil nu, Jupiter est vu sous l'angle $\alpha = 1{,}9 \cdot 10^{-4}$ rad.

À Meudon, sous quel angle β voit-on Jupiter à travers la lunette ($f_1 = 16{,}2$ m et $f_2 = 2$ cm) ?

Exprimer β en degrés.

2 De la lunette au télescope

a. Pourquoi peut-on souhaiter augmenter le diamètre de l'objectif d'une lunette ?

b. Pourquoi est-on limité en diamètre ?

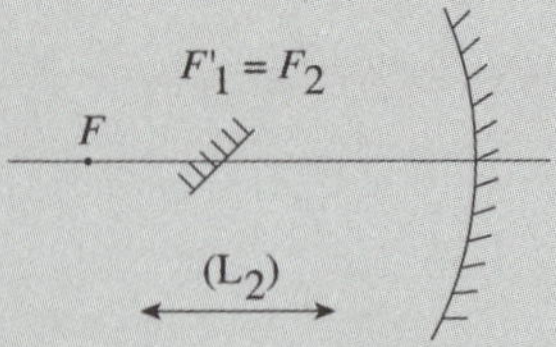

c. Construire l'image que le télescope de la figure ci-dessus donne d'un astre.

d. Pourquoi le miroir secondaire doit-il être de petite taille ?

e. Quel est l'avantage essentiel du télescope sur la lunette ?

Indications

1 a., **2** b. et **2** d. Rappeler les conditions de Gauss.

1 b. et **1** f. Le diamètre apparent n'est pas une longueur, mais un angle.

1 c. Respecter l'échelle.

1 c. et **2** c. Construire l'image intermédiaire, puis l'image définitive.

1 d. Utiliser la figure.

1 e., **2** a. et **2** d. Rappeler les conditions d'observation optimales.

1 f. Savoir que pour de petits angles, on a, en radian :

$$\tan \alpha \approx \alpha.$$

1 g. $180° = \pi$ rad.

2 c. Miroir sphérique (▶ Fiche 49).

Énoncé 1

On observe, sur l'écran d'un oscilloscope à mémoire, les enregistrements des tensions correspondant aux signaux électriques transmis par un microphone lors de l'émission de la note la_3 ($f = 440$ Hz) par un violon et un diapason. Les réglages de l'oscilloscope sont rigoureusement identiques pour les deux enregistrements.

On prendra pour la célérité du son dans l'air : $v = 340\ \text{m} \cdot \text{s}^{-1}$.

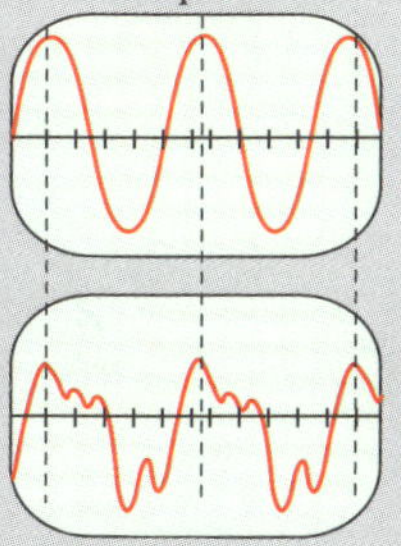

1 Expliquer brièvement pourquoi il est manifeste que :

a. le son émis par un diapason est un son pur tandis que le son émis par un violon est un son complexe ;

b. la note émise est bien la même dans les deux cas ;

c. l'enregistrement n'a pas été réalisé sur toute la durée de l'émission sonore par le diapason et le violon.

2 Calculer quelle était la sensibilité horizontale de l'oscilloscope au moment de l'enregistrement.

3 Calculer la longueur d'onde λ correspondant au son émis par le diapason.

4 La comparaison de λ avec la longueur habituelle d'une corde de violon la_3 ($f = 440$ Hz) est-elle pertinente ?

Indications

1 Revoir les notions de timbre (**1** a et **1** b) et de hauteur (**1** c).

2 Utiliser la donnée $f = 440$ Hz pour calculer la période T ; il faut déterminer l'échelle horizontale de la figure.

3 Utiliser la relation : $\lambda = vT$.

4 Que représente v dans l'égalité $\lambda = vT$ pour la corde ?

Énoncé 2

L'expression générale d'une tension $u_p = U_{max} \cos(2\pi f_p t)$ modulée en amplitude est :

$$u(t) = (a u_s(t) + b) \cos(2\pi f_p t). \qquad (1)$$

1 Expliquer pourquoi il s'agit bien de modulation d'amplitude.
On souhaite moduler une tension sinusoïdale de fréquence f_p par une autre tension sinusoïdale de fréquence u_s.
On peut utiliser un multiplieur (voir ci-dessous).
On applique aux entrées :

$$u_1 = U_{max} \cos(2\pi f_p t)$$
$$u_2 = U_0 + U_s \cos(2\pi f_p t)$$

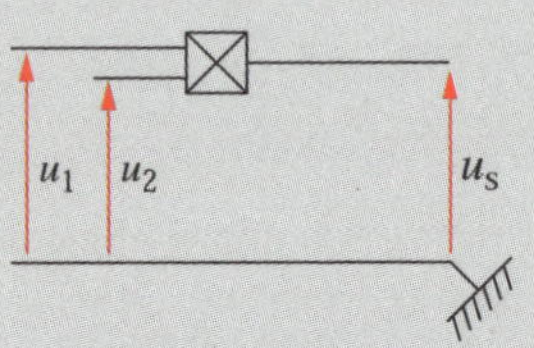

Par construction, $u_s = k u_1 u_2$

2 Montrer que u_s peut s'écrire sous la forme (1). Conclure.

3 La BBC utilise la fréquence $f_p = 198$ kHz.

a. Rappeler quel est le domaine des fréquences audibles. Donner trois raisons qui justifient le choix des ondes électromagnétiques pour le transport d'informations.

b. Quelle est la largeur de la bande de fréquences utilisée pour émettre, sur la BBC, de la musique classique ?

c. Même question pour France Inter de fréquence $f_p = 162$ kHz.

4 Expliquer pourquoi on n'est pas « parasité » par France Inter lorsqu'on écoute la BBC.

Indications

1 Reprendre la définition (▶ Fiche 6).

2 Rechercher l'expression des coefficients a et b.

3 Utiliser le calcul et le résultat du cours donnant les valeurs des trois fréquences du spectre de $u(t)$ (▶ Fiche 7).

4 L'énoncé suggère un chevauchement des bandes de fréquence. Pourquoi est-il acceptable ?

49 SCHÉMAS D'OPTIQUE

Rappel de cours

Formation des images par une lentille ou un miroir sphérique

• ***Image formée par une lentille mince convergente***

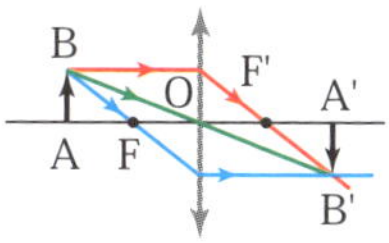

Fig. 1 Cas général

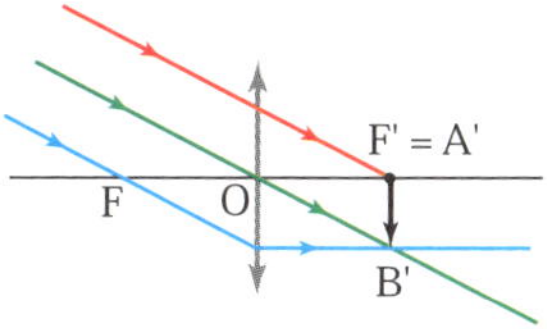

Fig. 2 Cas de l'objet à l'infini

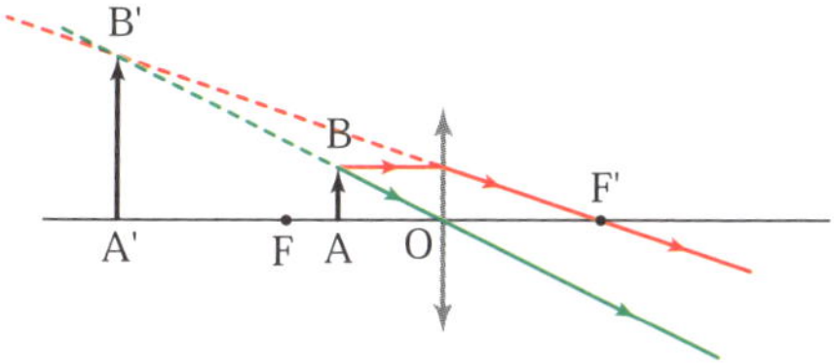

Fig. 3 Cas de l'oculaire (loupe) : objet entre F et O

• ***Image formée par un miroir sphérique***

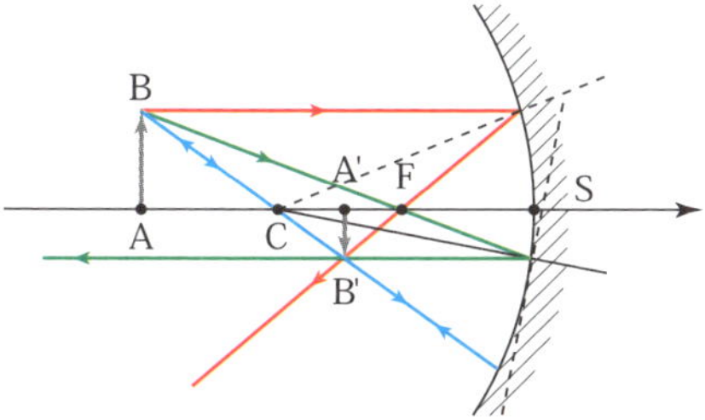

Fig. 4

Instruments d'optique

• *Microscope*

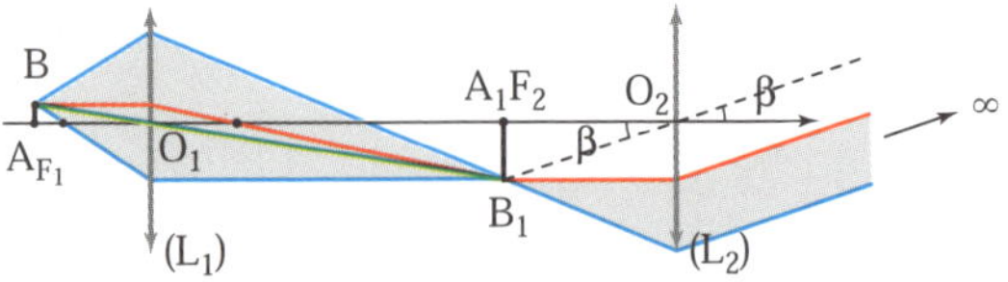

Fig. 5 L'image intermédiaire formée par (L_1) est objet pour (L_2).

$G = \frac{\beta}{\alpha}$ où α est le diamètre apparent de l'objet à l'œil nu.

• *Lunette astronomique*

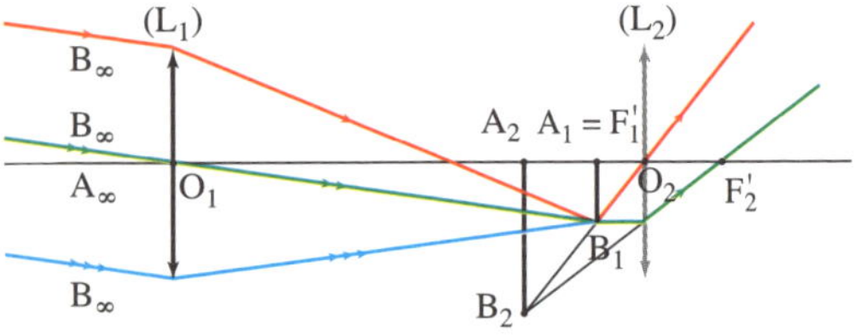

Fig. 6 Cas général

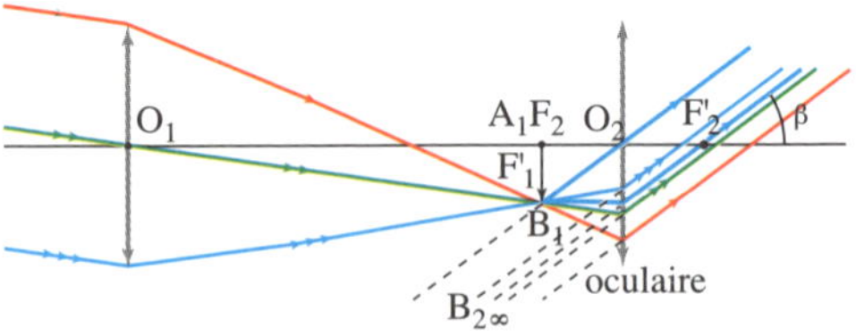

Fig. 7 Lunette afocale : $G = \frac{f'_1}{f'_2}$

• *Télescope*

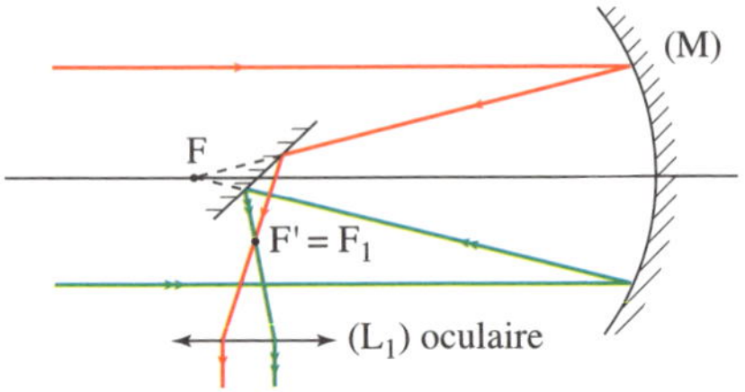

Fig. 8 L'image intermédiaire formée en F' par le miroir sphérique est objet pour (L_1). L'image donnée par (L_1) est à l'infini.

Fiche 9

1

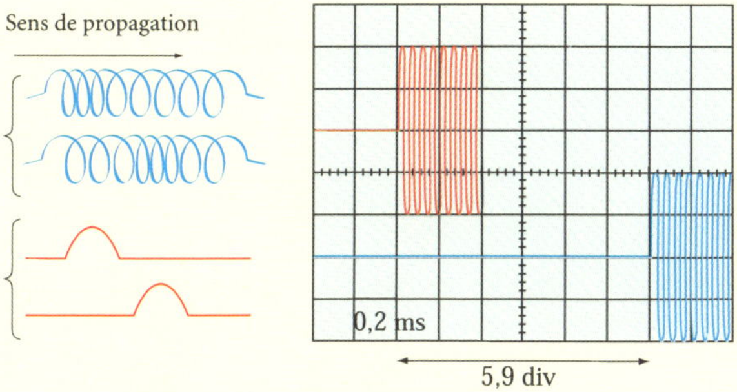

2 $d = v\tau$ donc $\tau = d/v = \dfrac{0{,}40}{3{,}4 \cdot 10^2} = 1{,}2 \cdot 10^{-3}$ s.

1 div ≈ 0,2 ms, donc le signal en voie B sera décalé de **5,9 div.**

Fiche 10

1 La fréquence des signaux est la même : $f = 100$ Hz.

Pour l'onde qui se propage le long de la corde :

$$\lambda_{corde} = \frac{v_c}{f} = \mathbf{15\ cm.}$$

Pour l'onde sonore : $\lambda_{air} = \dfrac{v_{air}}{f} = \mathbf{3{,}4\ m.}$

2 La période $\left(T = \dfrac{1}{f}\right)$ est caractéristique du vibreur. Elle est la même des deux côtés de la cuve.

La longueur d'onde est plus courte dans la partie droite.

On a à gauche :

$$\lambda_1 = v_1\, T \text{ et à droite } \lambda_2 = v_2\, T \text{ avec } T \text{ constante.}$$

Donc si $\lambda_2 < \lambda_1$, on a $\boldsymbol{v_2 < v_1}$.

Fiche 11

Des relations $\theta = \lambda / d$ et $2\theta \approx l/D$ (celles du rappel de cours écrites avec les notations de l'énoncé) on tire :

$$2\theta = 2\frac{\lambda}{d} = \frac{l}{D} \text{ d'où } l = \frac{2\lambda D}{d}.$$

$$d = \frac{2\lambda D}{l} = \frac{2 \times 543 \cdot 10^{-9} \times 1}{1{,}4 \cdot 10^{-2}} = 7{,}8 \cdot 10^{-5}\ \text{m} = \mathbf{78\ \mu m}.$$

Fiche 12

1 Lumière monochromatique : lampe à vapeur de sodium (spectre composé d'une seule raie en admettant que le doublet est « confondu »).

Lumière polychromatique composée d'un nombre fini de radiations monochromatiques : lampe à vapeur de mercure (spectre composé de 4 raies principales).

Lumière polychromatique composée d'un nombre infini de radiations monochromatiques : lumière solaire blanche (spectre continu).

2 a. La célérité c de la lumière est une vitesse limite maximale.

Aucune onde ne peut se propager plus rapidement.

Donc c/v est toujours supérieur à 1.

$n = c/v$ est le rapport de deux célérités, de deux grandeurs de même dimension, c'est donc un nombre sans dimension.

b. Dans le vide, les radiations visibles ont leur longueur d'onde comprise entre 400 nm et 750 nm.

c. $\lambda_{\text{vide}} = \frac{c}{f}$ et $\lambda_{\text{plexiglas}} = \frac{c}{nf}$ d'où $\lambda_{\text{plexiglas}} = \frac{\lambda_{\text{vide}}}{n}$.

À $\lambda_{\text{vide}} = 400$ nm correspond $\lambda_{\text{plexiglas}} = \frac{400}{1{,}50} = \mathbf{267\ nm}$.

À $\lambda_{\text{vide}} = 750$ nm correspond $\lambda_{\text{plexiglas}} = \frac{750}{1{,}50} = \mathbf{500\ nm}$.

Fiche 13

1 Un milieu non dispersif est un milieu dans lequel la célérité de l'onde ne dépend pas de la fréquence.

2 Non, car l'indice du vide vaut toujours 1 (quelle que soit la fréquence de la radiation lumineuse).

3 Les filtres rouge et bleu, placés devant les projecteurs de lumière blanche pour les transformer en lumière rouge ou bleue, sont des filtres « de bandes ».
La lumière émise par un projecteur rouge (ou bleu) correspond à la superposition d'un nombre infini de radiations dont les fréquences sont situées dans le domaine du rouge (ou du bleu).
La dispersion de la lumière magenta montrerait qu'il s'agit de lumière blanche à laquelle il « manque » la partie centrale du spectre (jaune et vert).

Fiche 14

Énoncé 1

1 L'onde est **rectiligne** (lignes droites) avant l'ouverture sur les figures 1 et 2 ; elle le reste après l'ouverture sur la figure 1, elle est **circulaire** après l'ouverture sur la figure 2.
Les ondes obtenues dans une cuve à ondes sont des ondes **transversales** (perturbation perpendiculaire à la direction de propagation) ; une onde sonore serait longitudinale.

2 En tenant compte de l'échelle, on mesure la largeur de l'ouverture sur la figure 1 : 2,6 cm et celle sur la figure 2 : 0,2 cm.

3 Les deux figures permettent la mesure directe de la longueur d'onde, distance entre deux lignes.
La célérité v de l'onde, la fréquence f du vibreur et la longueur d'onde λ sont reliées par la relation : $\lambda = v/f$. Seul le rapport v/f peut être déterminé à partir de la figure. Il faut connaître l'une des grandeurs v ou f pour calculer l'autre.

4 • Pour la figure 1 en tenant compte de l'échelle :
– avant l'obstacle : $3\lambda = 1{,}5$ cm donc $\boldsymbol{\lambda = 0{,}5}$ **cm ;**
– après l'obstacle : $4\lambda = 2$ cm d'où $\boldsymbol{\lambda = 0{,}5}$ **cm.**
• Pour la figure 2 en tenant compte de l'échelle :
– avant l'obstacle : $3\lambda = 1{,}5$ cm donc $\boldsymbol{\lambda = 0{,}5}$ **cm ;**
– après l'obstacle : $3\lambda = 1{,}5$ cm d'où $\boldsymbol{\lambda = 0{,}5}$ **cm.**

5 – L'onde est diffractée par une ouverture dont la taille (0,2 cm) est de l'ordre de grandeur de la longueur d'onde ($\lambda = 0{,}5$ cm) ; elle n'est pas diffractée par l'ouverture de 2,6 cm (l'onde, simplement diaphragmée, reste rectiligne).
– L'onde diffractée est circulaire.
– La longueur d'onde de l'onde diffractée est la même que celle de l'onde incidente ($\lambda = 0{,}5$ cm avant et après l'obstacle sur la figure 2) si le milieu de propagation est le même.

Énoncé 2

1 $X = L$.

2 $D \tan\theta = \dfrac{X}{2}$ donc $\theta \approx \dfrac{X}{2D}$.

3 a est la largeur de la fente.

4 $\theta = \dfrac{\lambda}{a} = \dfrac{X}{2D}$, donc :

$$X = \frac{\lambda 2D}{a} = \frac{643 \cdot 10^{-9} \times 2 \times 1{,}00}{50 \cdot 10^{-6}} = 0{,}026 \text{ m} = \mathbf{2{,}6\ cm.}$$

5 $X' = \dfrac{2D}{a}\lambda' = \dfrac{2 \times 1{,}00}{50 \cdot 10^{-6}} \times 543 \cdot 10^{-9} = 0{,}022 \text{ m} = \mathbf{2{,}2\ cm.}$

6 Les taches correspondant aux différentes radiations sont d'autant plus larges que la longueur d'onde est élevée (Ex : le rouge « déborde » du vert de 4 mm). On observe des irisations.

7 Si le rouge (bord latéral de la tache centrale) vient à se superposer avec le violet et le bleu de la première tache latérale (radiations les plus courtes moins déviées), on peut observer du magenta.

Fiche 15

1 Formule de « l'eau lourde » : D_2O ; c'est une molécule dont la masse est plus grande que celle de H_2O (H ne possède qu'un proton et aucun neutron, tandis que D possède un proton et un neutron), d'où l'appellation d'eau « lourde ».
(En nomenclature officielle on écrit ${}^{2}_{1}\text{H}$ et non ${}^{2}_{1}\text{D}$.)

2 **a.** ${}^{137}_{55}\text{Cs} \rightarrow {}^{0}_{-1}\text{e} + {}^{137}_{56}\text{Ba}^*$ (désintégration β^-)

b. ${}^{137}_{56}\text{Ba}^* \rightarrow {}^{137}_{56}\text{Ba} + \gamma$ (émission γ)

Fiche 16

1 a. Les noyaux isotopes d'un même élément sont placés sur la même verticale (même Z mais nombre N différent). Ils ne sont pas forcément situés dans la même zone de stabilité.
b. Ils n'ont donc pas forcément les mêmes propriétés radioactives : ainsi ${}^{12}_{6}C$ est stable, tandis que ${}^{14}_{6}C$ est radioactif.

2 Désintégration :
a. du chlore 36 en argon 36 : β^- ;
b. de l'azote 13 en carbone 13 : β^+.

3 Pour une désintégration β^-, A reste identique et Z augmente. La flèche est « horizontale », de longueur une unité et orientée vers les Z croissants.

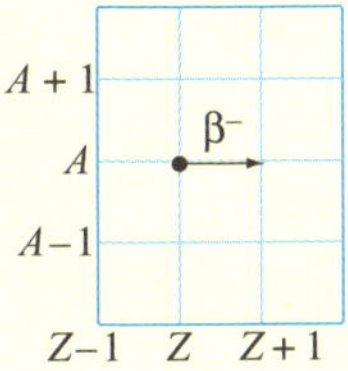

Fiche 17

1 $\lambda = 1/\tau$ donc $N(\tau) = N_0\,e^{-\lambda\tau} = N_0\,e^{-1} = N_0/e = \mathbf{0{,}368\,N_0}$.
À l'instant $t = \tau$, il reste **37 %** des N_0 noyaux.
$A(\tau) = \lambda\,N(\tau) = \boldsymbol{\lambda\,N_0/e}$.

2 ΔN est ici négatif (variation négative de N qui décroît).
Par définition de la demi-vie, $\Delta N = -N_0/2$.

3 a. $\lambda_P = \dfrac{1}{t_P} = \dfrac{1}{14{,}2 \times 24 \times 3\,600} = 8{,}15 \cdot 10^{-7}\ s^{-1}$

ou $\lambda_P = \dfrac{1}{t_P} = \dfrac{1}{14{,}2} = \mathbf{7{,}04 \cdot 10^{-2}\ j^{-1}}$.

b. $t_I = \dfrac{1}{\lambda_I} = \dfrac{1}{1{,}43 \cdot 10^{-6}} = 6{,}99 \,.\, 10^5$ s ou $t_I = \dfrac{6{,}99 \times 10^5}{24 \times 3\,600} = \mathbf{8{,}09\ j}$.

c.

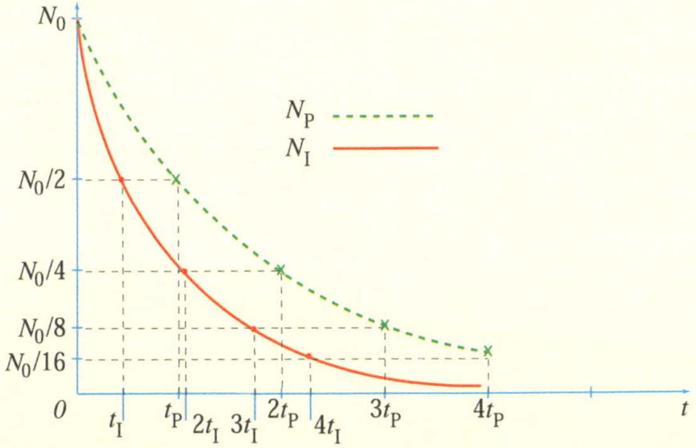

Fiche 18

On a pris pour ces corrigés les valeurs suivantes :

$m_e = 9{,}109 \cdot 10^{-31}$ kg, $m_p = 1{,}672 \cdot 10^{-27}$ kg

et $m_n = 1{,}674 \cdot 10^{-27}$ kg.

1 $E = mc^2 = 9{,}109 \cdot 10^{-31} \times (3{,}00 \cdot 10^8)^2 = \mathbf{8{,}20 \cdot 10^{-14}\ J}$ (arrondi de 8,1981) ; utiliser la mémoire de la calculatrice pour passer aux eV.

$$E = \frac{9{,}109 \cdot 10^{-31} \times \left(3{,}00 \cdot 10^8\right)^2}{1{,}6 \cdot 10^{-19}} = 5{,}124 \cdot 10^5 \text{ eV} = \mathbf{512{,}4\ MeV}.$$

2 $A = 2$ et $Z = 1$; $(A - Z)\, m_n + Z m_p = m_n + m_p$

$$= \mathbf{3{,}346 \cdot 10^{-27}\ kg}$$

$\Delta m = Z m_p + (A - Z)\, m_n - m.$

$E_\ell = \Delta m \cdot c^2 = [(1{,}674 + 1{,}672) - 3{,}343]\, 10^{-27} \cdot (3{,}00 \cdot 10^8)^2$

$= \mathbf{3 \cdot 10^{-13}\ J}.$

La différence Δm n'étant donnée qu'avec un seul C.S., E_ℓ doit être donnée avec un C.S.

3 Calcul de E_ℓ en joule : $\mathbf{E_\ell = 4{,}5 \cdot 10^{-12}\ J}$.

Conversion en MeV : $E_\ell = 4{,}5 . 10^{-12}$ J $= 2{,}8 \cdot 10^7$ eV

$E_\ell = 28$ MeV.

Le noyau est formé de quatre nucléons :

$\mathbf{E_\ell / A = 7\ MeV/nucléon}$.

Fiche 19

1 Le neutron étant isolé et au repos, il est « seul ».
On peut écrire « E_ℓ / A (neutron) » dans l'expression littérale de l'énergie libérée, mais cette énergie de liaison par nucléon est nulle puisque le nucléon considéré n'est pas lié !
De même $E_\ell / A(^1_1\text{H}) = 0$ (il s'agit d'un unique proton).

2 $^{235}_{92}\text{U} + {}^1_0\text{n} \rightarrow {}^{91}_{36}\text{Kr} + {}^{142}_{56}\text{Ba} + 3\,{}^1_0\text{n}.$

3 L'uranium 235 est situé dans le domaine de la fission :

– E_ℓ / A est plus basse (E_ℓ / A plus élevée) pour les noyaux produits que pour le noyau d'uranium 235.

Fiche 20

1 ${}^{14}_{7}\mathrm{N} + {}^{1}_{0}\mathrm{n} \rightarrow {}^{14}_{6}\mathrm{C} + {}^{1}_{1}\mathrm{H}$.

2 La proportion de carbone 14 dans un organisme vivant (plante réalisant la photosynthèse ou animal ingérant des plantes) est celle de l'atmosphère, supposée constante. Après la mort d'une plante, la proportion de carbone 14 dans ses restes diminue. La datation se fait par comparaison de la proportion de carbone 14 entre un matériau réalisant la photosynthèse (ou venant juste d'arrêter de le faire : bois « neuf ») et un matériau mort. L'objet à dater doit donc être façonné dans une substance d'origine organique.

Fiche 21

Énoncé 1

1 a. **Faux** (ils dépendent de l'activité de la source, mais aussi de l'énergie du rayonnement).

b. **Vrai** (ΔN est proportionnel à Δt **et** à N : plus la quantité de matière radioactive est importante, plus on observe de désintégrations).

c. **Vrai** (*cf.* **1** a.).

2 a. **Faux** (la désintégration est indépendante des conditions physiques dans lesquelles se trouve l'échantillon radioactif).

b. **Faux** (*cf.* **2** a.).

3 a. **Vrai** (A est proportionnelle à N qui diminue).

b. **Vrai :** $A = \lambda N$ (▶ Fiche 17).

c. **Vrai :** $A = \lambda N = \frac{\mathrm{d}N}{\mathrm{d}t}$ (▶ Fiche 17).

4 a. **Vrai** (la demi-vie est le temps au bout duquel la moitié (50 %) des noyaux radioactifs de l'échantillon s'est désintégrée, quel que soit le nombre de noyaux présents au départ).

b. **Non** (elle augmente avec la taille de l'échantillon, diminue avec le temps).

c. **Non** (la dangerosité dépend du type de rayonnement et de son intensité … ; si le carbone 14 avec sa demi-vie de plus de 5 000 ans n'est pas dangereux en faible quantité, il demeure exact que la production de radioéléments de longues demi-vies pose des problèmes de stockage).

5 a. **Vrai** (mais celui d'un noyau particulier est aléatoire).

b. **Faux.**

Énoncé 2

Le numéro atomique du phosphore 32 est $Z = 15$.

a. 32 nucléons ($A = 32$), d'où le symbole du noyau : ${}^{32}_{15}\text{P}$.

$$\mathbf{{}^{32}_{15}P \rightarrow {}^{32}_{16}S + {}^{\ 0}_{-1}e} \quad (32 + 0 = 32 \text{ et } 16 + (-1) = 15)$$

b. $\boldsymbol{N(t) = N_0\, e^{-t/\tau}}$.

c. Par définition : $N(t_{1/2}) = N_0/2 = N_0\ e^{-\frac{t_{1/2}}{\tau}}$ d'où $\boldsymbol{\tau = \frac{t_{1/2}}{\ln 2}}$.

d. Dans l'échantillon, il y a une quantité de phosphore $n_0 = m/M$, il y a donc un nombre de noyaux radioactifs :

$$N_0 = n_0 N_A = \frac{m\,N_A}{M} = \frac{0{,}010 \times 6{,}02 \cdot 10^{23}}{32} = \mathbf{1{,}88 \cdot 10^{20}}.$$

e. $A(t) = \frac{1}{\tau} N(t)$. À l'instant $t = 0$: $A_0 = \frac{\ln 2}{t_{1/2}} N_0$.

$$A_0 = \frac{\ln 2}{14{,}2 \times 24 \times 3\,600} \times \frac{0{,}010 \times 6{,}02 \cdot 10^{23}}{32} = \mathbf{1{,}06 \cdot 10^{14}\ Bq}.$$

f. $N(1) = N_0 e^{-1 \times \ln 2 / t_{1/2}}$

donc : $N(0) - N(1) = N_0\left(1 - e^{-1 \times \ln 2 / t_{1/2}}\right) = \mathbf{1{,}06 \cdot 10^{14}}$.

On retrouve la valeur de la question e..

En effet, par définition, l'activité est égale au nombre de désintégrations observées par unité de temps.

Remarque : Il n'y a pas d'unité à la valeur de $N(0) - N(1)$.

Fiche 22

1 a. $i = \frac{dq}{dt}$; $q = Cu$; b. $i = \frac{dq}{dt}$; $q = -Cu$;

c. $i = -\frac{dq}{dt}$; $q = -Cu$.

2 $E = \frac{1}{2} CU^2$ donc $U^2 = \frac{2E}{C}$ et finalement :

$$U = \sqrt{\frac{2E}{C}} = \sqrt{\frac{2 \times 4{,}0 \cdot 10^{-2}}{2{,}2 \cdot 10^{-3}}} = \mathbf{6\ V} \text{ (4 piles de 1,5 V).}$$

Fiche 23

1 C'est le temps nécessaire pour que, lors de la charge ou de la décharge, $q(t)$ atteigne la moitié de sa valeur maximale : $1/2\ CU$.

2 $0{,}63\ U$ est la valeur prise par U à l'instant $t = \tau = RC$.

$0{,}37\ U$ est la valeur prise par U à l'instant $t = \tau = R'C$.

Pour la charge : $u(\tau) = U[1 - e^{(-1/RC)\tau}] = U(1 - 1/e) = \mathbf{0{,}63\ U}$.

Pour la décharge : $u(\tau) = U e^{(-1/R'C)\tau} = U/e = \mathbf{0{,}37\ U}$.

3 Si on prend pour origine des temps le début de la décharge, la tangente à l'origine coupe l'axe des temps en $t = \tau = 0{,}28$ ms.

D'où $C = \dfrac{\tau}{R} = \dfrac{0{,}28 \cdot 10^{-3}}{600} = \mathbf{4{,}7 \cdot 10^{-7}\ F}$.

On peut aussi utiliser la propriété $u(\tau) = 0{,}37\ U_{max}$.

On calcule alors la valeur $0{,}37\ U_{max} = 0{,}37 \times 4{,}0 = 1{,}48$.

On lit pour cette valeur de u :

$\tau = 0{,}28$ ms.

On termine par le calcul :

$C = \dfrac{\tau}{R} = \dfrac{0{,}28 \cdot 10^{-4}}{600} = \mathbf{4{,}7 \cdot 10^{-7}\ F}$.

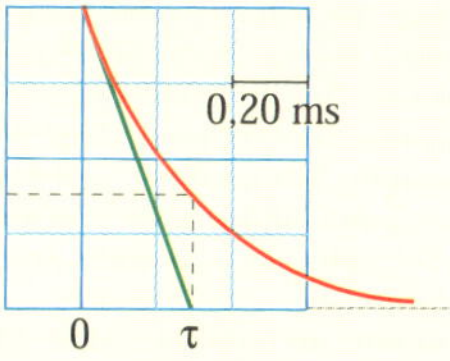

Fiche 24

1 Parce que l'énergie n'est stockée dans une bobine que si un courant y circule. L'énergie est déstockée dès que l'intensité du courant diminue.

2 Si r n'est pas négligeable, la tension aux bornes de la bobine est $u = L\dfrac{di}{dt} + ri$.

Le premier terme est constant (fonction créneau de la figure 3 du rappel de cours) et le second terme augmente linéairement avec i, donc avec t puisque i est proportionnelle à t.

L'oscillogramme est représenté ci-dessous avec la base de temps modifiée pour visualiser davantage de périodes.

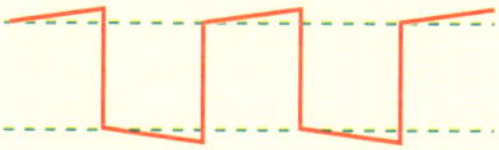

Fiche 25

1 $t_{1/2}$ est le temps au bout duquel l'intensité du courant atteint (dans le cas de la rupture du courant, comme dans le cas de l'établissement du courant) la valeur $I/2$ (avec $I = U/R$, valeur de l'intensité en régime permanent, interrupteur fermé).

2 $u_L = L\dfrac{\mathrm{d}i}{\mathrm{d}t}$.

L'intensité i est continue, mais sa dérivée ne l'est pas forcément.

C'est le cas de l'exemple du rappel de cours (▶ Fiche 24) où $i(t)$ est une fonction en dents de scie.

La pente varie brusquement (discontinuité de la dérivée de i) et u_L est une tension carrée présentant des discontinuités à chaque « saut ».

Fiche 26

On utilise le dipôle AB modélisable par une résistance dite négative et proposé dans la fiche.

Pour visualiser la tension aux bornes du condensateur, la masse doit être reliée à une de ses bornes.

Par ailleurs, le montage dit à résistance négative a la position de sa masse imposée (B).

On doit donc forcément relier B à l'une des bornes du condensateur comme schématisé ci-dessous :

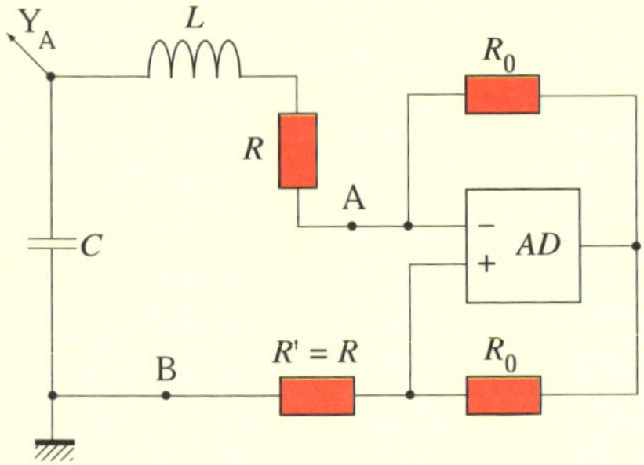

Fiche 27

1 Si on choisit $q(t) = a\cos\left(\frac{2\pi}{T}t + \varphi\right)$, la première condition initiale $q(0) = 0$ donne $q(0) = a\cos\varphi = 0$, donc $\varphi = \frac{\pi}{2}$ tandis que la seconde expression $q(t) = a\sin\left(\frac{2\pi}{T}t + \varphi\right)$ implique $\varphi = 0$.

2 a. Voir le cours ▶ Fiches 26 et 28.

b. $\frac{d^2 q_c}{dt^2} + \frac{1}{LC}q_c = 0$. (1)

On cherche $q(t)$ sous la forme : $q(t) = a\sin\left(\frac{2\pi}{T}t + \varphi\right)$,

on calcule $\frac{d^2q}{dt^2} = -a\left(\frac{2\pi}{T}\right)^2 \sin\left(\frac{2\pi}{T}t + \varphi\right) = -\left(\frac{2\pi}{T}\right)^2 q(t)$,

d'où en remplaçant dans (1) : $T_0 = 2\pi\sqrt{LC}$.

À l'instant initial, $q(0) = 0\ \text{C} = a\sin(\varphi)$ donc $\varphi = 0$.

$\frac{dq}{dt}(0) = a\left(\frac{2\pi}{T}\right)\cos(0+\varphi) = a\left(\frac{2\pi}{T}\right)\cos 0 = I_0$,

d'où $\boldsymbol{q(t) = I_0 \frac{T}{2\pi} \sin\left(\frac{2\pi}{T}\right) t}$ **avec** $\boldsymbol{T_0 = 2\pi\sqrt{LC}}$.

$i(t) = \frac{dq_C}{dt}$: $\boldsymbol{i(t) = I_0 \cos\left(\frac{2\pi}{T}\right) t}$ **avec** $\boldsymbol{T_0 = 2\pi\sqrt{LC}}$.

c. $T_0 = 2\pi\sqrt{LC}$ donc $T_0^2 = 4\pi^2 LC$, d'où :

$$L = \frac{T_0^2}{4\pi^2 C} = \frac{\left(10^{-3}\right)^2}{4\pi^2 \times 4{,}7\cdot 10^{-6}} = 5{,}4\cdot 10^{-3}\ \text{H} = \mathbf{5{,}4\ mH}.$$

Fiche 29

Énoncé 1

1 En convention récepteur, $u_{AB} = Ri$ (loi d'Ohm) et $\boldsymbol{i(t) = \frac{u_{AB}}{R}}$.

2 On obtient la courbe des variations de i à partir de celles de u_{AB}.

• $i(0) = \frac{u_{AB}(0)}{R} = \frac{4}{100} = 0{,}04\ \text{A}$,

de même aux instants $t = 50$ ms, 100 ms et 150 ms.

• $i(40) = \dfrac{u_{AB}(40)}{R} = \dfrac{0}{100} = 0$ A,

de même aux instants $t = 90$ ms et 140 ms.

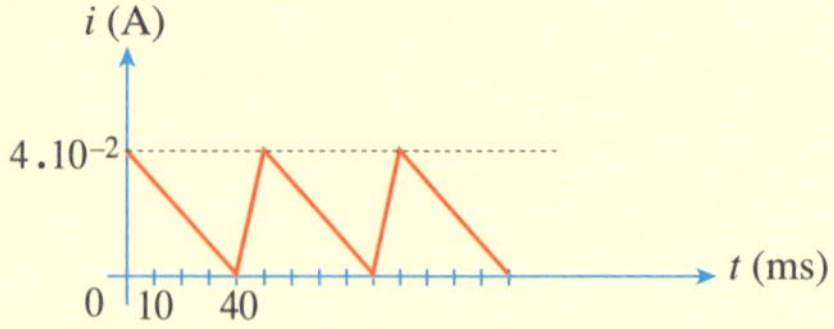

3 En convention récepteur, la tension aux bornes de la bobine est donnée par $u_{CB} = -L\dfrac{di}{dt}$ (flèches i et u_L de même sens).
Or la courbe représentative des variations de l'intensité $i(t)$ est formée de segments de droite : $i(t)$ est donc fonction linéaire de t sur chaque intervalle de temps [0ms, 40ms], [40ms, 50ms], etc. Sur chacun de ces intervalles, la dérivée de la fonction $i(t)$ est donc une constante donnée par la pente du segment de droite correspondant.
$u_{CB} = -L\dfrac{di}{dt}$ prend une valeur constante positive si $i(t)$ décroît, une valeur constante négative lorsque $i(t)$ croît.
La tension est rectangulaire car les intervalles de temps sur lesquels $i(t)$ croît ou décroît ne sont pas égaux.

4 La courbe $u_{CB} = -L\dfrac{di}{dt} = f(t)$ n'est pas symétrique par rapport à l'axe des temps.

Pour : • $i(t)$ décroissante, $\dfrac{di}{dt} = -1 \text{ A}\cdot\text{s}^{-1}$

(pente $-\dfrac{0{,}040}{0{,}040} = -1 \text{ A}\cdot\text{s}^{-1}$) ;

• $i(t)$ croissante, $\dfrac{di}{dt} = 4 \text{ A}\cdot\text{s}^{-1}$

(pente $\dfrac{0{,}040}{0{,}010} = 4 \text{ A}\cdot\text{s}^{-1}$).

5 On lit sur la courbe représentative des variations de u_{CB} :

• phase $i(t)$ croissante, $u_{CB} = -50 \text{ mV} = -L\dfrac{di}{dt}$;

donc $L = -\dfrac{U_{CB}}{di/dt} = \dfrac{-(-0{,}050)}{4} = 12{,}5$ mH ;

• phase $i(t)$ décroissante, $u_{CB} = 12,5 \text{ mV} = -L\dfrac{di}{dt}$;

donc $L = -\dfrac{U_{CB}}{di/dt} = \dfrac{-0,0125}{-1} = 12,5 \text{ mH}$.

Sur chaque intervalle de temps, $u_{CB} = -L\dfrac{di}{dt}$ avec $\mathbf{L = 12,5\ mH}$.

Remarque :

• Il faut vérifier que u_{CB} est bien proportionnelle à $\dfrac{di}{dt}$ avec le même coefficient de proportionnalité L sur chaque phase.

Énoncé 2

1 $Q_0 = CU = 0,2 \cdot 10^{-6} \times 10 = \mathbf{2 \cdot 10^{-6}\ C}$;

$$E_{C_0} = \frac{1}{2}\frac{Q_0^2}{C} = \frac{1}{2} \times \frac{(2 \times 10^{-6})^2}{0,2 \cdot 10^{-6}} = \mathbf{1 \cdot 10^{-5}\ J}.$$

2 q est la charge de la plaque supérieure du condensateur (vers laquelle « pointe » i et vers laquelle pointe la flèche u quand on écrit $q = Cu$), donc : $i = \dfrac{dq}{dt}$ et $u_C = \dfrac{q(t)}{C}$.

Remarque : Ce choix permet d'avoir une charge positive portée par l'armature supérieure à la fin de la charge (question **1**) : on est en convention récepteur du point de vue du condensateur.

• Les flèches i et u_L ne sont pas orientées conformément à la convention du cours : $u_L = -L\dfrac{di}{dt}$.

Par ailleurs, $u_L = u_C = \dfrac{q(t)}{C}$.

Comme $i = \dfrac{dq}{dt}$ on a $\dfrac{d^2q}{dt^2} = -\dfrac{q}{C}$ soit $LC\dfrac{d^2q}{dt^2} + q = 0$.

En remplaçant q par Cu_C, il vient :

$$\mathbf{LC\frac{d^2u_C}{dt} + u_C = 0.} \qquad \mathbf{(1)}$$

On cherche $u_C(t)$ sous la forme $u_C(t) = a\cos\left(\dfrac{2\pi}{T}t + \varphi\right)$.

Cette expression **sinusoïdale** traduit l'existence d'oscillations.

On calcule $\dfrac{d^2u_C}{dt^2}$.

En remplaçant dans (1), il vient $\mathbf{T_0 = 2\pi\sqrt{LC} = 5,6 \cdot 10^{-4}\ s}$.

Fiche 30

1 Mouvement circulaire uniforme : le cercle est décrit à vitesse constante, mais le vecteur vitesse n'est pas constant (son module est constant mais il pointe dans des sens différents à chaque instant).

2 $\vec{v}_G$ constant $\Leftrightarrow \vec{a}_G = \dfrac{d\vec{v}_G}{dt} = \vec{0}$. Or, d'après la 2e loi de Newton,

$\Sigma \overrightarrow{F_{ext}} = m\dfrac{d\vec{v}_G}{dt} = m\vec{a}_G$ donc $\vec{v}_G$ constant $\Leftrightarrow \Sigma \overrightarrow{F_{ext}} = \vec{0}$.

C'est une expression mathématique de la première loi de Newton.

3 a. Oui. b. Mais la valeur de l'accélération F/m que nous communique la Terre est bien plus élevée que celle de l'accélération F/M_T que chacun de nous peut communiquer à la Terre : les forces sont égales mais leur effet sur des masses inertielles très différentes est très différent !

Fiche 31

Compte tenu de l'échelle : $v_4 = \dfrac{A_3A_5}{2\tau} = \dfrac{32}{0{,}40} = \mathbf{80\ cm \cdot s^{-1}}$.

Le vecteur vitesse est selon la tangente en A_4, dans la direction du mouvement.

L'échelle est à préciser sur la copie (ex : 1cm ≈ 50 $cm \cdot s^{-1}$).

Pour tracer le vecteur accélération en A_{11}, il faut repérer les directions des tangentes à la trajectoire en A_{10} et A_{12} et tracer les vecteurs vitesse $\vec{v}_{10}$ et $\vec{v}_{11}$ en A_{11}, puis $\overrightarrow{\Delta v}$ (figure ci-dessous).

On calcule : $v_{10} = \dfrac{A_9A_{11}}{2\tau} = \dfrac{30}{0{,}40} = 75\ cm \cdot s^{-1}$.

$$v_{12} = \dfrac{A_9A_{11}}{2\tau} = \dfrac{30}{0{,}40} = 75\ cm \cdot s^{-1}.$$

On détermine graphiquement $\Delta v = 60\ cm \cdot s^{-1}$ d'où :

$$a_{11} = \dfrac{\Delta v}{2\tau} = \dfrac{60}{0{,}40} = 1{,}5 \cdot 10^2\ cm \cdot s^{-2} = \mathbf{1{,}5\ m \cdot s^{-2}}.$$

On choisit une échelle (ex : 1 cm ≈ 1 $m \cdot s^{-2}$).

On trace le vecteur accélération.

On vérifie qu'il est dans la concavité de la courbe.

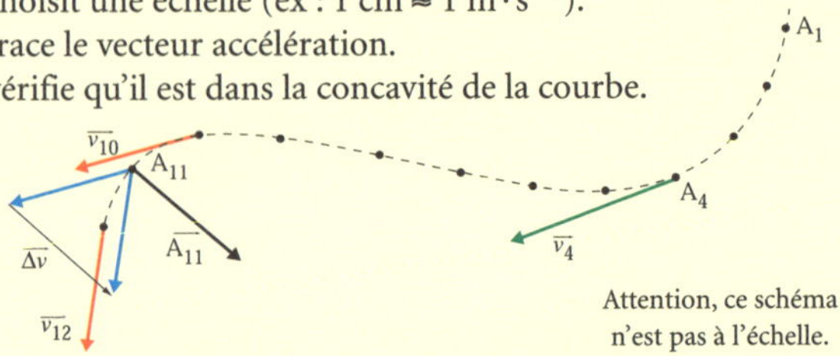

Attention, ce schéma n'est pas à l'échelle.

Fiche 32

1 Chute d'une bille dans de la glycérine : f est proportionnelle à la vitesse (formule de Stokes).

Chute sur plusieurs mètres d'une bille d'acier dans l'air : f est proportionnelle au carré de la vitesse.

2 • $mg - \rho_f Vg = 0$ correspond au cas où l'objet flotte dans le fluide et reste immobile (pas de vitesse initiale, accélération nulle au départ, donc pas de variation de vitesse).

• $mg - \rho_f Vg < 0$ correspond au cas où l'objet immergé va « remonter » vers la surface, la poussée d'Archimède étant supérieure au poids de l'objet.

3 L'équation différentielle devient :

$$\frac{d^2z}{dt^2} = P - f - \Pi = mg - kv^2 - \rho_f Vg.$$

Le mouvement est accéléré tant que $mg - \rho_f Vg > kv^2$.
Il est ensuite uniforme dès que $mg - \rho_f Vg = kv^2$.
La vitesse limite atteinte est alors :

$$v_\ell = \text{constante} = \sqrt{\frac{mg - \rho_f Vg}{k}}.$$

Fiche 33

1 $a_x = 0$ donc $v_x = $ constante. Or, à l'instant initial, $v_{0x} = 0$, donc $v_x = v_{0x} = 0$.

De même, puisque $v_x = 0$, $x = $ constante.
Or, à l'instant initial, $x_0 = 0$, donc $x = x_0 = 0$.

2 On projette $\vec{a}$ sur les trois axes, puis on intègre.

Dans le cas d'une vitesse initiale dirigée vers le haut :

$$\left|\begin{array}{l} a_x = 0 \\ a_y = 0 \\ a_z = g \end{array}\right. \qquad \left|\begin{array}{l} v_x = v_{0x} = 0 \\ v_y = v_{0y} = 0 \\ v_z = gt - v_0 \end{array}\right. \qquad \left|\begin{array}{l} x = x_0 = 0 \\ y = y_0 = 0 \\ z = \frac{1}{2} gt^2 - v_0 t \end{array}\right.$$

Dans le cas d'une vitesse initiale dirigée vers le bas :

$$v_z = gt + v_0 \quad \text{et} \quad z = \frac{1}{2} gt^2 + v_0 t.$$

Fiche 34

$v_z = -gt + v_0 \sin\alpha$ et $z = -\frac{1}{2}gt^2 + v_0 \sin\alpha\, t$.

On calcule :

$$v_2^2 = (-gt_2 + v_0 \sin\alpha)^2 = g^2 t_2^2 + v_0^2 \sin^2\alpha - 2g t_2 v_0 \sin\alpha$$

$$v_1^2 = (-gt_1 + v_0 \sin\alpha)^2 = g^2 t_1^2 + v_0^2 \sin^2\alpha - 2g t_1 v_0 \sin\alpha$$

$$\boldsymbol{v_2^2 - v_1^2} = g^2 t_2^2 - g^2 t_1^2 - 2g t_2 v_0 \sin\alpha + 2g t_1 v_0 \sin\alpha$$

$$= g(g t_2^2 - 2 t_2 v_0 \sin\alpha) + g(-g t_1^2 + 2 t_1 v_0 \sin\alpha)$$

$$= -2g z_2 + 2g z_1 = \boldsymbol{-2g(z_2 - z_1)}.$$

Cette relation se retrouve par application du théorème de l'énergie cinétique :

$$\frac{1}{2} m v_2^2 - \frac{1}{2} m v_1^2 = mg(z_1 - z_2)$$ (▶ **Fiche 38**).

Fiche 35

1

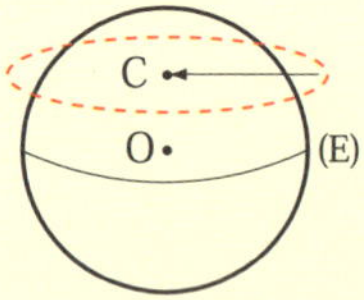

ⓐ

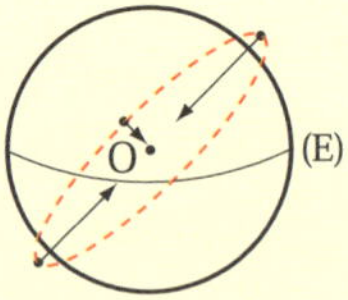

ⓑ

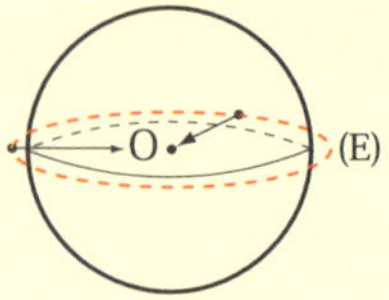

ⓒ

Le schéma ⓐ représente le cas où le satellite resterait en permanence au-dessus d'un point de la Terre qui ne se trouve pas à l'équateur.

La force est dirigée vers C et non O, ce qui est contraire à l'expression de la force gravitationnelle.

Le schéma ⓑ représente le cas le plus général de mouvement circulaire avec force radiale dirigée vers O, mais le satellite n'est jamais à la verticale du même point au cours de son mouvement.

Le schéma ⓒ représente la seule solution permettant de satisfaire les deux conditions : force dirigée vers O et satellite immobile pour l'observateur terrestre.

2 La vitesse d'une planète est plus élevée au niveau du périhélie pour que l'aire balayée soit la même qu'au niveau de l'aphélie (2e loi de Kepler).

3 Si le satellite est suffisamment petit pour que le champ de pesanteur y soit uniforme, tout objet qui s'y trouve est soumis à la seule force gravitationnelle $\vec{F} = m\vec{g}$, d'où, puisque $\Sigma\vec{F} = m\vec{a}$, $\vec{a} = \vec{g}$.

Tous les objets sont soumis à la même accélération, cette accélération est aussi celle du satellite lui-même : un objet ne « tombe » donc pas « dans » le satellite (il accompagne celui-ci dans son mouvement circulaire uniforme) mais « avec » le satellite.

Un objet lâché sans vitesse initiale ne se déplace pas par rapport à un astronaute mais avec lui ; il paraît donc immobile.

Fiche 36

1 On effectue des mesures de la période pour des valeurs différentes de l'amplitude θ_{max} et on constate que la valeur de la période mesurée est toujours la même tant que θ_{max} reste inférieur à une dizaine de degrés.

2 $T_0 = 2\pi\sqrt{\frac{\ell}{g}} = 2\,\text{s}$ car le pendule passe deux fois par période par sa position d'équilibre :

$$\ell = \frac{gT_0^2}{4\pi^2} = \frac{9{,}8 \times 4}{4\pi^2} = \mathbf{1\ m.}$$

3 Le pendule revient à sa position d'équilibre sans la dépasser : il n'y a pas d'oscillations.

Fiche 37

1 m en kg, k en $N \cdot m^{-1}$. Or d'après la 2e loi de Newton, $1\ N = 1\ kg \cdot m \cdot s^{-2}$ donc m/k en s^2 et T^2 en s^2, soit T en s.

2 • L'astronaute est en impesanteur. Si, par exemple, il se suspendait à un ressort pour en mesurer l'allongement l'effet serait nul (pas d'allongement du ressort : il reste immobile au bout du ressort…).

• L'astronaute va mesurer la période $T_0 = 2\pi\sqrt{\frac{M}{2k}}$ d'oscillation du dispositif (où M est la somme de la masse du dispositif et de celle de l'astronaute). Connaissant la masse du dispositif, il en déduira la sienne.

Fiche 38

1 $\vec{F} = kx\,\vec{i}$ est la force exercée par un opérateur extérieur sur le ressort (tension du ressort) ; la force opposée $-kx\,\vec{i}$ est la force de rappel exercée par le ressort sur un corps fixé à son extrémité libre (ou sur l'opérateur qui tient cette extrémité).

2 Le corps est en chute libre en l'absence de frottements et le système est conservatif.

$E = \frac{1}{2}mv^2 + mgz = \text{constante}$.

On a donc : $\frac{1}{2}mv_1^2 + mgz_1 = \frac{1}{2}mv_2^2 + mgz_2$ soit en simplifiant par m :

$v_2^2 - v_1^2 = -2g(z_2 - z_1)$ d'où $v_2^2 = -2 \times g \times (-5) = 100$
et $v = 10\ m \cdot s^{-1}$.

La valeur de la vitesse ne dépend pas de la masse du corps.

Fiche 39

1 $F_{el} = \frac{1}{4\pi\varepsilon_0}\frac{q_p q_e}{r^2} = 9{,}0 \cdot 10^9 \frac{\left(1{,}6 \cdot 10^{-19}\right)^2}{\left(53 \cdot 10^{-12}\right)^2} = \mathbf{8{,}2 \cdot 10^{-8}\ N.}$

$F_{grav} = G\frac{m_p m_e}{r^2} = 6{,}67 \cdot 10^{-11}\frac{1{,}66 \cdot 10^{-27} \times 9{,}1 \cdot 10^{-31}}{\left(53 \cdot 10^{-12}\right)^2}$

$= \mathbf{3{,}6 \cdot 10^{-47}\ N.}$

F_{el}/F_{grav} est de l'ordre de 10^{39}. La force gravitationnelle ne peut être responsable de la cohésion de l'atome.

2 Non ; il y a des « sauts » d'un état à un autre mais le nombre d'états peut être infini : par exemple, pour l'atome d'hydrogène, il y a un nombre infini d'états $E_n = -13{,}6/n^2$ entre l'énergie 0 eV et l'énergie –13,6 eV.

Fiche 40

Énoncé 1

1 • Il y a 32 points disposés circulairement, donc :

$$T = 32\,\tau = \mathbf{86{,}4\ s}.$$

• Longueur d'un tour :

$$P = 2\,\pi R = 40\ \text{m}.$$

Les points sont régulièrement espacés donc le mouvement est uniforme : la vitesse est constante et la vitesse instantanée à tout instant est égale à la vitesse moyenne v (cette justification de la formule $v = P/T$ doit figurer sur la copie).

Vitesse : $v = \dfrac{P}{T} = \dfrac{2\pi R}{32\tau} = \mathbf{0{,}47\ m \cdot s^{-1}}$.

2 On trace $\vec{v'}$ et $\vec{v''}$ en M' et M'' (flèches de 2,3 cm de longueur).
On trace en pointillés $\vec{v''}$ en M'' pour obtenir le vecteur $\Delta\vec{v}$ (voir la figure ci-après).

3 On mesure Δv : 1,0 cm ; donc $\Delta v = 0{,}20\ \text{m} \cdot \text{s}^{-1}$.

D'où $a = \dfrac{\Delta v}{2\tau} = \mathbf{3{,}7 \cdot 10^{-2}\ m \cdot s^{-2}}$.

4 Voir la figure ci-après.

5 $\dfrac{v^2}{R} = \dfrac{\left(\dfrac{2\pi R}{32\tau}\right)^2}{R} = 3{,}4 \cdot 10^{-2}\ \text{m} \cdot \text{s}^{-2}$.

Le calcul et la construction aboutissent à une accélération tangentielle nulle (le tracé donne $\vec{a}$ sur la droite MO, donc selon le rayon du cercle). La valeur de a est la même à 9 % près.

Ici $\frac{3{,}7-3{,}4}{3{,}4}=0{,}09$.

a_t est nulle. En effet, v étant constante, $\frac{dv}{dt}$ est nulle.

6 $a=\mathbf{3{,}4\cdot 10^{-2}\,m\cdot s^{-2}}$

et $F=ma$

$=65\cdot 10^{-3}\times 3{,}4\cdot 10^{-2}$

$=\mathbf{2{,}2\cdot 10^{-3}\,N}$.

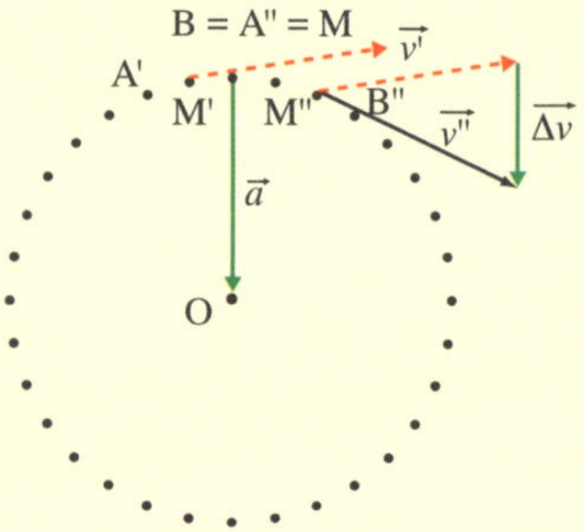

Attention, ce schéma n'est pas à l'échelle.

Énoncé 2

1 a. L'obus est en chute libre car, si on néglige la résistance de l'air, il est soumis à son seul poids.

b. Le point cible C appartient à la trajectoire de l'obus donc :

$$0=-\frac{1}{2}\frac{g}{(v_0\cos\alpha)^2}x_C^2+x_C\tan\alpha$$

$$=x_C\left(\tan\alpha-\frac{1}{2}\frac{g}{(v_0\cos\alpha)^2}x_C\right)$$

Il existe deux solutions :

$x_C=0$ (correspondant au point origine)

et $\tan\alpha=\frac{1}{2}\frac{g}{(v_0\cos\alpha)^2}x_C$

soit $2\sin\alpha\cos\alpha=\sin 2\alpha=\frac{gx_C}{v_0^2}$.

On calcule $\sin 2\alpha=\frac{9{,}81\times 20\cdot 10^3}{800^2}=0{,}306$.

D'où $2\,\alpha=17{,}8°$ et $\alpha=8{,}9°$ (utiliser la fonction INV SIN de la calculatrice).

Or $\sin 2\alpha=\sin(180-2\alpha)$, donc $2\alpha'=180-2\alpha$ est aussi solution :

$\boldsymbol{\alpha=8{,}9°}$ et $\boldsymbol{\alpha'=90-\alpha=81{,}1°}$ (81° avec 2 C.S.).

Ces deux solutions correspondent à deux types de tir : tir tendu (au ras du sol) pour $\alpha = 8{,}9°$ ① et tir en cloche pour $\alpha' = 80°$ ②.

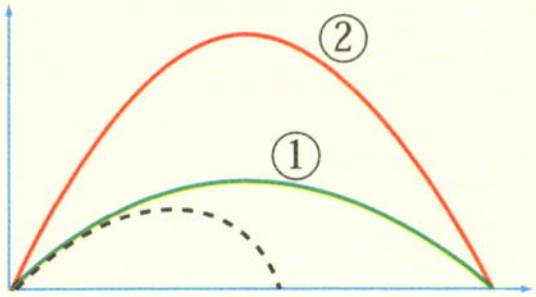

c. Le tir tendu est préférable car il surprend davantage l'ennemi.

Si on tient compte des frottements de l'air, le système n'est plus conservatif : l'objet va beaucoup moins haut (toute l'énergie cinétique donnée au départ n'est pas transformée en énergie potentielle) et moins loin ; la trajectoire n'est plus symétrique par rapport à la verticale passant par le sommet (trajectoire en pointillé sur la figure ci-dessus).

2 a. Non, car il est soumis, en plus du poids, à la force exercée par le fil.

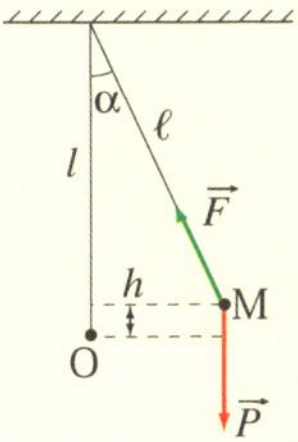

b. L'énergie mécanique totale $\frac{1}{2}mv^2 + mgh$ est constante.

La vitesse est maximale lorsque toute l'énergie mécanique est sous la forme d'énergie cinétique et quand l'énergie potentielle mgz est nulle : c'est à dire en O.

En M : $E(\mathrm{M}) = \frac{1}{2}m \times 0^2 + mgh = mgh.$

En O : $E(\mathrm{O}) = \frac{1}{2}mv_{\max}^2 + 0.$

$E(\mathrm{M}) = E(\mathrm{O})$, d'où $2\,mgh = mv_{\max}^2$

et $v_{\max} = \sqrt{2\,gh} = \sqrt{\mathbf{2\,g\ell\,(1 - \cos\alpha)}}$.

Remarque :
La force exercée par le fil est toujours perpendiculaire à la trajectoire de M (un rayon est perpendiculaire à la tangente au cercle) ; elle ne travaille pas ; on ne définit donc pas d'énergie potentielle à partir de $\vec{F}$ comme on définit une énergie potentielle de pesanteur ou une énergie potentielle élastique.

c. Le système est conservatif dans le cas d'un régime oscillatoire. Le système est non conservatif dans le cas des régimes pseudo-périodique, critique et apériodique.

Fiche 41

Le schéma est celui du « rappel de cours » (fig. 1). Prendre une échelle horizontale et une échelle verticale différente et vérifier que, compte tenu de l'échelle choisie, on a bien A'B' = 5 mm.

Fiche 42

1 Non : l'objectif d'une lunette est de grande focale (dizaines de cm) ; celui d'un microscope, de très courte focale (quelques mm).

2 La lunette est afocale : $F'_1 = F_2$.
Cas le plus général : **figure** ⓐ ci-dessous.

Une lunette est généralement utilisée en visant l'astre à observer (conditions de Gauss : rayons au voisinage de l'axe optique et peu inclinés sur cet axe) et on est plutôt dans le cas de la **figure** ⓑ.

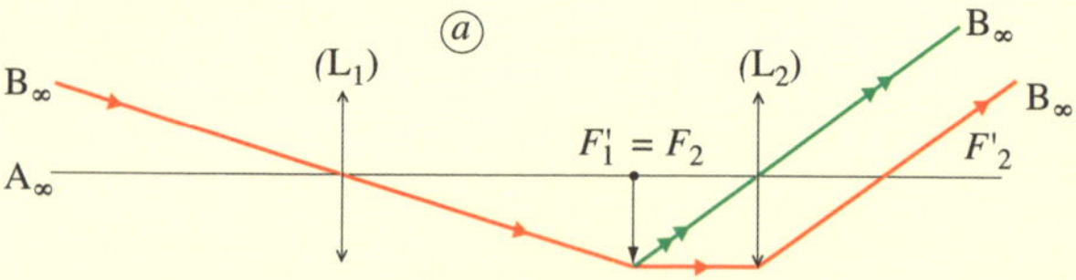

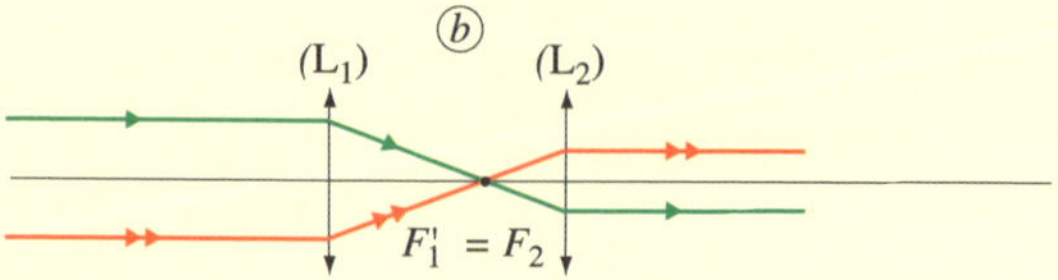

Fiche 43

Par définition, la masse linéique est le quotient de la masse par la longueur de la corde supposée homogène : $\mu = m/L$.

De $f_0 = \dfrac{1}{2L}\sqrt{\dfrac{T}{\mu}}$ on tire $4\,L^2 f_0{}^2 = \dfrac{T}{\mu} = \dfrac{TL}{m}$ et finalement $T = 4\,L f_0{}^2\, m$.

$T = 4 \times 0{,}60 \times 880^2 \times 1 \cdot 10^{-3} = \mathbf{1{,}9 \cdot 10^3\ N}$.
T est de l'ordre de grandeur du poids d'un objet de 200 kg.

Fiche 44

1 La corde est raccourcie de la moitié et la longueur d'onde diminue de moitié tandis que la fréquence double : la note va sonner à l'octave supérieure et donner le la_4.

2 **a.** Si le violoniste appuie très légèrement, il oblige un nœud à se former à l'endroit où il pose son doigt et la corde forme ainsi deux fuseaux : elle vibre selon le deuxième mode.

b. La note sonne à l'octave supérieure, on entend un la_4, comme à la question **1**, mais l'impression sonore est différente car ici deux demi-cordes vibrent au lieu d'une seule.

Remarques : En toute rigueur, des harmoniques supérieures sont aussi excitées puisque la seule condition imposée est la position du nœud au niveau du doigt, sans que la vibration soit purement sinusoïdale.
On peut obtenir d'autres harmoniques : par exemple, en appuyant légèrement sur la corde au tiers de sa longueur, on l'oblige à vibrer selon le mode 3 et le violon joue le $ré_4$.

Fiche 45

1 U_{max} est obtenu pour $\cos(2\pi f_s t)\cos(2\pi f_p t) = 1$ et U_{min} pour $\cos(2\pi f_s t)\cos(2\pi f_p t) = -1$.

D'où $U_{max} = A(1 + m)$ et $U_{min} = A(1 - m)$.

La résolution du système (écrire par exemple l'égalité des deux expressions de A et développer) permet de retrouver l'expression de m donnée dans l'énoncé.

2 $y_A = A(1 + m)$; $y_B = -A(1 + m)$
$y_D = A(1 - m)$; $y_C = -A(1 - m)$.
D'où $h = y_D - y_C = 2A(1 - m)$ et $H = y_A - y_B = 2A(1 + m)$.
La résolution du système (écrire comme au **1** l'égalité des deux expressions de A et développer) permet de retrouver l'expression de m donnée dans l'énoncé.

Fiche 46

1 Le circuit doit sélectionner f_p (la station à capter) et pas les stations radio voisines, mais il doit laisser passer la bande $[(f_p - f_s), (f_p + f_s)]$, où f_s est de l'ordre de 18 kHz (largeur de bande correspondant aux fréquences audibles.

2 $f_0 = \dfrac{1}{2\pi\sqrt{LC''}} = \dfrac{1}{2\pi\sqrt{0{,}80\cdot 10^{-3}C''}} = 162\cdot 10^3$ Hz

donc $C'' = \mathbf{1{,}2\cdot 10^{-9}}$ ***F***.

Fiche 47

1 a. Oui, pour une lentille de diamètre assez faible, et un astre très éloigné, les rayons sont peu inclinés et proches de l'axe.

b. Le diamètre apparent de l'astre vu à l'œil nu est α.

c.

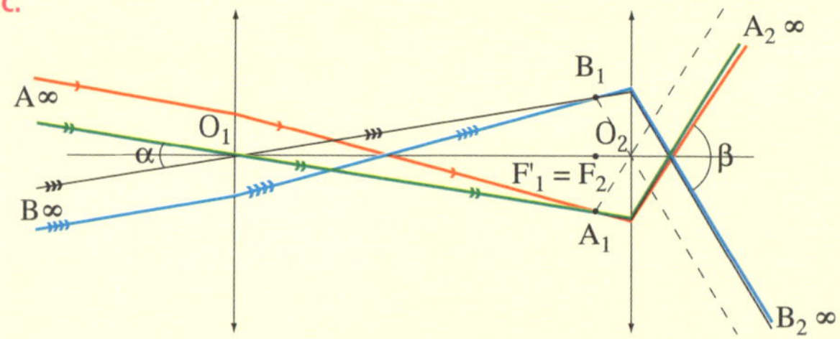

d. (L_2) est l'oculaire, il est la loupe qui permet d'observer A_1B_1 ; l'objectif d'une lunette est de grande focale (dizaine de centimètres) pour former une image assez grande d'un objet situé à l'infini ; la focale d'un oculaire est de l'ordre du millimètre.

On a donc plutôt $f_1 = 100\, f_2$ mais le tracé est alors impossible : on préfère prendre $f_1 = 10\, f_2$ dans le cas d'une modélisation.

e. L'observation est sans fatigue pour l'œil normal car A_2B_2 est à l'infini.

f. $G = \dfrac{\beta}{\alpha} = \dfrac{f_1}{f_2}$.

g. Donc $\beta = \dfrac{\alpha f_1}{f_2} = 0{,}154 \text{ rad} = \dfrac{180 \times 0{,}154}{\pi} = \mathbf{8{,}8}$ **degrés.**

2 a. Pour augmenter la quantité de lumière pénétrant dans l'instrument.

b. Il est difficile de fabriquer des lentilles de grand diamètre.

De plus, si on utilise de telles lentilles, les conditions de Gauss ne sont plus respectées et l'image est déformée.

c. Voir la figure ci-dessous.

d. L'objectif, constitué du miroir, doit recevoir le maximum de lumière en provenance de l'astre.

e. On utilise davantage de lumière en provenance de l'astre : l'objectif qui est constitué par le miroir principal peut former l'image intermédiaire à partir de rayons non paraxiaux.

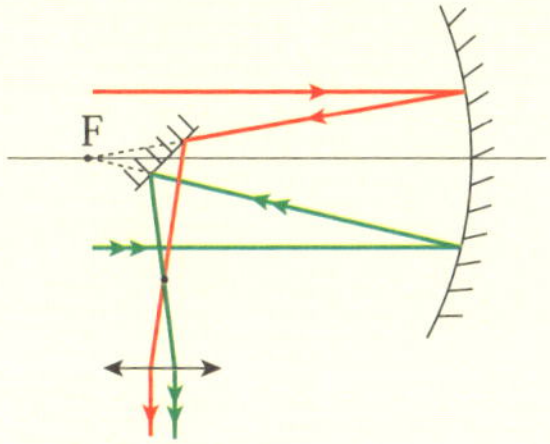

Fiche 48

Énoncé 1

1 a. Pour le violon, le signal n'est pas une sinusoïde pure ; c'est la somme de la sinusoïde correspondant au son pur émis par le diapason (premier oscillogramme : mode fondamental) et d'autres sinusoïdes de fréquences plus élevées (modes harmoniques) qui déterminent le timbre du son complexe.

b. La période des deux signaux est la même, donc la fréquence est la même, la hauteur du son est donc la même (une note tient son nom de la valeur de sa fréquence principale).

c. Seul le corps de la note a été enregistré ; il manque les parties correspondant à l'attaque et à l'extinction.

2 Il s'agit d'un la_3 de fréquence $f = 440$ Hz ;

donc $T = \frac{1}{f} = \frac{1}{440} = 0{,}00227$ s $=$ **2,27 ms.**

On constate sur l'enregistrement que la distance entre deux maxima successifs correspond à 4,5 divisions.

Une durée $T = 2{,}27$ ms est représentée par 4,5 divisions.

La sensibilité horizontale est donc $\frac{2{,}27}{4{,}5}$ = **5,0 ms · div⁻¹**.

3 On a calculé $T = 2{,}27$ ms. On a $\lambda = vT$.

$\lambda = 340 \times 2{,}27 \cdot 10^{-3} = 0{,}7732$ m = **77 cm**.

4 Cette comparaison n'est pas pertinente car, dans la relation $\lambda = vT$, la grandeur v représente alors la vitesse de propagation du son dans la corde (qui dépend de sa tension) et non dans l'air (voir aussi l'exemple 2 ▶ Fiche 43).

Énoncé 2

1 Dans l'expression $u(t) = (a u_s(t) + b) \cos(2\pi f_p t)$, le terme $(a u_s(t) + b)$ est l'amplitude. Cette amplitude est fonction affine de u_s, signal à transporter.

2 $u = k u_1 u_2 = k(U_0 + u_s(t))\, U_{max} \cos(2\pi f_p t)$.

En posant $a = kU_{max}$ et $b = kU_0U_{max}$ on a :

$$u(t) = (a u_s(t) + b) \cos(2\pi f_p t).$$

On sait que, dans ce cas, le signal $u(t)$ est la somme de trois signaux de fréquence :

$$f_p - f_s \ ; \ f_p \ ; \ f_p + f_s$$

3 a. La fréquence du signal à transmettre est audible pour :

20 Hz $< f_s <$ 20 000 Hz et $f_{s\,max}$ = 20 000 Hz.

Pour une porteuse de fréquence f_0, les signaux modulés transmis seront donc compris entre $(f_p - f_{s\,max})$ et $(f_p + f_{s\,max})$.

b. La BBC utilise donc la bande [178 kHz, 218 kHz].
(On a calculé : 198 – 20 = 178 et 198 + 20 = 218).

c. De même, l'émission d'un concert classique sur France Inter utilise la bande de fréquences [142 kHz, 182 kHz].

4 Les deux bandes de fréquences ne se recouvrent que très légèrement. En pratique, le « parasitage » n'est pas perceptible.

- Équation différentielle :

$$ma_z = mg - 6\pi R\eta \frac{dz}{dt} - \rho_f Vg$$

- Interpréter le signe de a_z :
- a_z positive, le mouvement est accéléré : c'est le régime initial (ou transitoire) ; $v_z = \frac{dz}{dt}$ augmente, mais a_z diminue.
- a_z nulle, la vitesse est constante, le mouvement est uniforme : c'est le régime asymptotique (ou régime permanent) ;

vitesse limite v_ℓ (pour $a_z = 0$) : $v_\ell = \frac{mg - \rho_f Vg}{6\pi R\eta}$.

- Méthode d'Euler :

On pose $A = \frac{g - \rho_f Vg}{m}$ et $B = \frac{6\pi R\eta}{m}$ d'où $\frac{dv}{dt} = A - Bv$.

Pour ε petit devant le temps caractéristique :

$$v(t + \varepsilon) = v(t) + \varepsilon \frac{dv}{dt}.$$

Chute verticale sans frottement

Dans un référentiel galiléen, on applique la 2e loi de Newton :

$$\sum \vec{F}_{ext} = m\vec{a} = m\vec{g} \text{ soit } \vec{a} = \vec{g}.$$

Tous les corps sont soumis à la même accélération $\vec{g}$.

Selon l'orientation de (Oz), il vient, en intégrant :

$$z = -\frac{1}{2}gt^2 - v_0 t \quad \text{ou} \quad z = \frac{1}{2}gt^2 - v_0 t, \text{ etc.}$$

Mouvement d'un projectile

Équations horaires

Dans un référentiel galiléen, on applique la 2e loi de Newton :

$$\sum \vec{F}_{ext} = m\vec{a} = m\vec{g}, \text{ d'où } \vec{a} = \vec{g}.$$

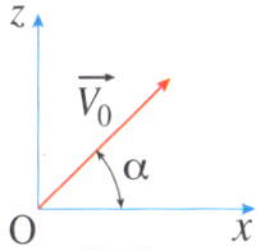

- Le mouvement ne dépend pas de m.
- Le mouvement de la projection :

– est uniforme sur l'horizontale ;

– est uniformément varié sur la verticale (ralenti puis accéléré).

On intègre en tenant compte des conditions initiales :

$$\begin{cases} a_x = 0 \\ a_y = 0 \\ a_z = -g \end{cases} \quad \begin{cases} v_x = v_0 \cos\alpha \\ v_y = v_{0y} = 0 \\ v_z = -gt + v_0 \sin\alpha \end{cases} \quad \begin{cases} x = v_0 \cos\alpha\, t \\ y = y_0 = 0 \\ z = -\frac{1}{2}gt^2 + v_0 \sin\alpha\, t \end{cases}$$

Équations de la trajectoire

De $x = v_0 \cos\alpha\, t$ on tire l'expression du paramètre $t = \frac{x}{v_0} \cos\alpha$ d'où, en remplaçant dans l'expression de z :

$$-\frac{1}{2}g\frac{x^2}{v_0^2 \cos^2\alpha} + x \tan\alpha.$$

Lois de Newton

Première loi de Newton (principe d'inertie)

Il existe des référentiels appelés **référentiels galiléens** dans lesquels :

$$\vec{v}_G \text{ constante} \Leftrightarrow \sum \vec{F}_{ext} = \vec{0}.$$

Deuxième loi de Newton

Dans un référentiel galiléen :

$$\vec{F}_{ext} = m\frac{d\vec{v}_G}{dt} = m\vec{a}_G$$

Troisième loi de Newton (loi des actions réciproques)

Que deux corps A et B soient au repos ou en mouvement quelconque, la force exercée par A sur B est opposée à la force exercée par B sur A :

$$\vec{F}_{A/B} = -\vec{F}_{B/A}$$

Force gravitationnelle

Force de gravitation exercée par la Terre sur un corps de masse m placé en A :

$$\vec{F} = G\frac{M_T m}{r^2}\vec{u}_{OA} = m\vec{g}$$

Le champ de pesanteur est défini par :

$$\vec{g} = G\frac{M_T}{r^2}\vec{u}_{OA}$$

où $G = 6{,}67259 \cdot 10^{-11}\ N \cdot kg^{-2} \cdot m^2$

Chute verticale

Chute verticale avec frottements

- Forces extérieures appliquées au système :
- $\vec{P}$ poids,
- $\vec{\Pi}$ poussée d'Archimède,
- $\vec{f}$ frottements.

Dans le cas de vitesses faibles : f est proportionnelle à v.
On utilise la formule de Stokes :

$$f = 6\pi R\eta v$$

avec η, en $N \cdot s \cdot m^{-2}$.

Dans le cas de vitesses élevées : f est proportionnelle à v^2

La valeur de $\vec{\Pi}$ est égale au poids du fluide déplacé.

$$\Pi = \rho_f V g$$

avec ρ_f en $kg \cdot m^{-3}$; V en m^3 ; g en $N \cdot kg^{-1}$.

Bobine en convention récepteur

$$u_L = L\frac{di}{dt} + ri$$

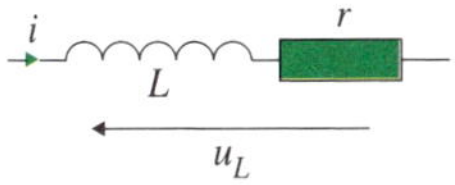

r est nulle pour une bobine idéale ; L est l'inductance de la bobine, en henry (H) ; i est en ampère (A).
r est la résistance interne de la bobine, en ohm (Ω).

Circuits *RC* et *RL*

Circuit RC	Circuit RL
Charge du condensateur	*Établissement du courant*
$\frac{dq}{dt} + \frac{q}{RC} = \frac{E}{R}$	$\frac{di}{dt} + \frac{R}{L} i = \frac{E}{L}$
solution :	solution :
$q = EC(1 - e^{-t/RC})$ $= Q_{finale}(1 - e^{-t/RC})$	$i = \frac{E}{R}(1 - e^{-(L/R)t})$ $= I_{final}(1 - e^{-(L/R)t})$
Décharge du condensateur	*Disparition du courant*
$\frac{dq}{dt} + \frac{q}{RC} = 0$	$\frac{di}{dt} + \frac{R}{L} i = 0$
solution :	solution :
$q = EC\,e^{-t/RC} = Q_{finale}\,e^{-t/RC}$	$i = \frac{E}{R} e^{-(R/L)t} = I_{final}\,e^{-(R/L)t}$
Constante de temps	*Constante de temps*
$\tau = RC$ diminue si R augmente	$\tau = \frac{L}{R}$ diminue si R augmente
Énergie	*Énergie*
$E_C = \frac{1}{2}Cu^2 = \frac{q^2}{2C} = \frac{1}{2}qu$	$E_L = \frac{1}{2}Li^2$
La tension aux bornes du condensateur ne subit pas de discontinuité.	L'intensité du courant traversant la bobine ne subit pas de discontinuité.

Décharge d'un condensateur dans une bobine

- Amortissement négligeable : $\frac{d^2q_c}{dt^2} + \frac{1}{LC} q_c = 0.$

La décharge est oscillante.

$q = a\cos\left(\frac{2\pi}{T} t + \varphi\right)$ avec $T_0 = 2\pi\sqrt{LC}$ période propre.

- Amortissement non négligeable : $\frac{d^2q_c}{dt^2} + \frac{R}{L}\frac{dq}{dt} + \frac{1}{LC} q_c = 0$

– Régime **pseudo-périodique** pour $R < R_c$ **: oscillations amorties** caractérisées par la **pseudo période** $T \approx 2\pi\sqrt{LC}$.

– Régime **apériodique** pour $R > R_c$.

– Régime **critique** pour $R = R_c$.

Satellites et planètes

Lois de Kepler (ce sont des lois empiriques)

- Les planètes décrivent des ellipses dont le Soleil est un des foyers.
- Le segment qui joint le Soleil à une planète balaie des aires égales en des temps égaux.
- Si on note T la période de révolution T et a le demi grand-axe, le rapport $\frac{T^2}{a^3}$ est une constante caractéristique du Soleil.

Cas particulier du mouvement circulaire uniforme

- Dans le référentiel héliocentrique considéré comme galiléen, la deuxième loi de Newton s'écrit :

$$m_P \frac{v^2}{R} = G m_p \frac{M_s}{R^2} \quad \text{d'où } v = \sqrt{\frac{GM_s}{R}}$$

À une valeur de la vitesse ne correspond qu'une seule altitude possible et réciproquement.
Résultats généralisables aux mouvements autour de la Terre, etc.

Comme $vT = 2\pi R$ on a : $\boldsymbol{\frac{T^2}{R^3} = \frac{4\pi^2}{GM_s}}$ (voir 3e loi de Kepler).

Pendule pesant

Modèle

Le pendule simple idéal est constitué d'un corps ponctuel de masse m suspendu à un fil inextensible de longueur l et sans masse qui oscille librement sous l'effet de son poids et de la force exercée par le fil.

Période, pseudo-période

- Modèle idéal : l'amplitude des oscillations est constante au cours du temps.

Période propre T_0 : $\boldsymbol{T_0 = 2\pi\sqrt{\frac{l}{g}}}$

T_0 en s ; l en m ; g en $m \cdot s^{-2}$.

- Cas réel : l'amortissement des oscillations.

On définit la pseudopériode : $T \approx T_0 = 2\pi\sqrt{\frac{l}{g}}$.

Si l'amortissement est très important, on peut observer les régimes critique ou apériodique.

Loi d'isochronisme des petites oscillations

Pour des oscillations de faible amplitude ($\theta < 10°$), la période est indépendante de l'amplitude : il y a isochronisme des petites oscillations.

Dispositif solide/ressort

Force de rappel exercée sur le solide

$$\vec{F} = -kx\vec{i}$$

k est la raideur du ressort (unité : $N \cdot m^{-1}$) à distinguer de la *tension du* ressort (exercée sur le ressort)

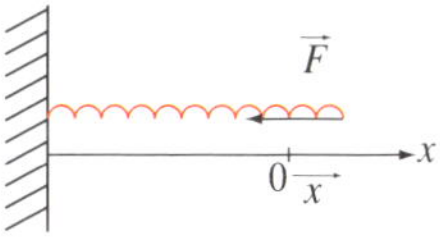

Cas du dispositif horizontal oscillant librement

$$m\frac{d^2x}{dt^2} = -kx \text{ d'où : } x = x_m \cos\left(\frac{2\pi}{T_0} + \varphi_0\right)$$

$$\boldsymbol{T_0 = 2\pi\sqrt{\frac{m}{k}}} \text{ est la période (unité : s).}$$

Résonance mécanique

L'amplitude des oscillations **forcées** (de période T imposée par l'extérieur) est d'autant plus grande que la période imposée par **l'excitateur** est voisine de la période propre du **résonateur** : c'est le phénomène de **résonance**.

Aspects énergétiques

Travail élémentaire δ*W* d'une force

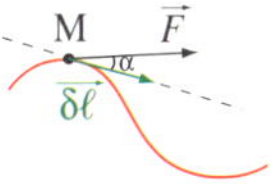

$$\delta W = \vec{F} \cdot \vec{\delta l} = F\,\delta l \cos\alpha.$$

Travail de la force $F = kx\vec{i}$ appliquée au ressort

$$W(\vec{F})_{A\to B} = \int_A^B kx\,dx = \left|\frac{1}{2}k\,x^2\right|_{x(A)}^{x(B)}$$

$$= \frac{1}{2}k\,x_B^2 - \frac{1}{2}k\,x_A^2$$

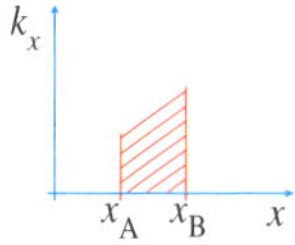

Travail du poids $\vec{P} = -mg\vec{k}$

$$W(\vec{P})_{A\to B} = \int_A^B \vec{P} \cdot \vec{\delta l} = \vec{P}\int_A^B \vec{\delta l} = \vec{P} \cdot \overrightarrow{AB} = mgz_A - mgz_B$$

Énergie potentielle

Énergie potentielle élastique du ressort : $\boldsymbol{E_p = \frac{1}{2}k\,x^2}$.

Énergie potentielle de pesanteur : $\boldsymbol{E_p = mgz}$.

Énergie mécanique : $E = E_p + E_c$

Si les variations d'énergie potentielle compensent les variations d'énergie cinétique, l'énergie mécanique est constante : le système est dit conservatif.

S'il y a frottement, de l'énergie est dissipée sous forme de chaleur : le système n'est pas conservatif.

Datation

On compare l'activité A de l'échantillon « âgé » à dater à l'activité A_0 d'un échantillon « neuf » de même masse.

- Graphiquement : on trace le graphe de $\frac{N}{N_0} = \frac{A}{A_0} = e^{-\lambda t}$

  ou les droites : $\ln(N/N_0) = \ln(A/A_0) = -\lambda t$.

- Par le calcul : $t = -\frac{\ln(N/N_0)}{\lambda} = \frac{\ln(A/A_0)}{\lambda}$.

Noyaux, masses et énergie

Défaut de masse et énergie de liaison

- $\boldsymbol{\Delta m = [Z m_p + (A - Z) m_n] - m}$; Δm en kilogramme (kg).
- Pour dissocier un noyau au repos en nucléons isolés et immobiles, il faut fournir l'énergie E_ℓ (énergie de liaison) : $E_\ell = \Delta m . c^2$ (en joule : J).

Unité usuelle : **1 eV = $\boldsymbol{1{,}6 \cdot 10^{-19}}$ J** et **1 MeV = $\boldsymbol{10^6}$ eV.**

- Énergie au repos du noyau (ou énergie de masse) :

  $\boldsymbol{E = m \cdot c^2}$ (m en kg et c en $\text{m} \cdot \text{s}^{-1}$ soit E en J).
- Énergie de liaison par nucléon : E_ℓ / A (en MeV/nucléon).
- Énergie de liaison d'un électron (en eV/électron).

Courbe d'Aston $-E_\ell/A = f(A)$

Le zéro sur l'axe vertical correspond au nucléon isolé au repos. Le maximum de stabilité est observé autour de $A = 60$.
Un noyau est d'autant plus stable que $-E_\ell/A$ est faible.

Fusion et fission : aspect énergétique

Les noyaux peuvent fusionner ou fissionner pour former un (ou des) noyau(x) plus stable(s) dont l'énergie de liaison par nucléon est plus grande ; fission et fusion s'accompagnent d'une libération d'énergie, celle qu'il faudrait fournir pour revenir à l'état initial.
Les noyaux « légers » font partie du domaine de la fusion ;
les noyaux « lourds » font partie du domaine de la fission.

Évolution temporelle des circuits *RC* et *RL*

Condensateur en convention récepteur

- $\boldsymbol{i = \frac{dq}{dt}}$ (i en ampère (A) et q en coulomb (C)).
- Charge portée par l'armature sur laquelle arrive le courant comptée positivement :

$$\boldsymbol{q(t) = C\, u_C(t)}$$

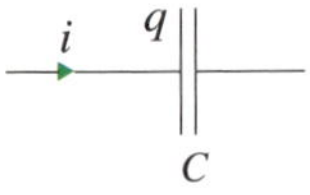

C est la capacité du condensateur, en farad (F) ; u_C en volt (V).

Équation d'une réaction nucléaire

Respecte la conservation de la charge et de la masse.

- **Radioactivité α :** ${}^{A}_{Z}X \rightarrow {}^{4}_{2}He + {}^{A-4}_{Z-2}Y$

Émission de particules α (${}^{4}_{2}He$)

- **Radioactivité β⁻ :** ${}^{A}_{Z}X \rightarrow {}^{0}_{-1}e + {}^{A}_{Z+1}Y^*$

Émission d'électrons (notés ${}^{0}_{-1}e$) ; le noyau fils excité est émetteur γ.

- **Radioactivité β⁺ :** ${}^{A}_{Z}X \rightarrow {}^{0}_{+1}e + {}^{A}_{Z-1}Y^*$

Émission de positons (notés ${}^{0}_{+1}e$) ; le noyau fils excité est émetteur γ. On n'observe pas de radioactivité β^+ naturelle.

- **Radioactivité γ : $Y^* \rightarrow Y + \gamma$** (désexcitation d'un noyau fils).

Diagramme (*N*, *Z*)

- Pour *Z* petit, les noyaux stables se placent approximativement sur la droite $N = Z$. Quand *Z* augmente, on constate que pour les noyaux stables $N > Z$. Pour $N > 130$, les noyaux sont tous instables.
- Les flèches représentant les différents types de radioactivité peuvent être orientées différemment sur d'autres diagrammes : (*A*, *Z*), etc.

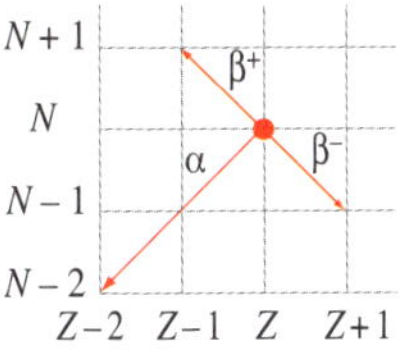

Famille radioactive

C'est l'ensemble des noyaux fils obtenus par désintégrations en cascade à partir d'un noyau radioactif. Exemple : famille de l'uranium.

Décroissance radioactive

Activité

$A = \frac{\Delta N}{\Delta t}$ (*A* en becquerel (Bq)).

1 Bq correspond à une désintégration par seconde.

On écrit $|\Delta N|$ si ΔN représente la variation (négative) du nombre de noyaux formant la population étudiée.

Le phénomène de désintégration est aléatoire.

La population $N(t)$ de noyaux diminue. ΔN s'écrit :

$$\Delta N = -\lambda N \Delta t \quad \text{et} \quad A = \lambda N \ (A \text{ en Bq et } \lambda \text{ en s}^{-1}).$$

Loi de décroissance radioactive $N = N_0 e^{-\lambda t}$

Obtenue par intégration de $dN = -\lambda N dt$ ($\Delta N = -\lambda N \Delta t$).

- **Constante de temps τ :** $\tau = \frac{1}{\lambda}$ (τ en s et λ en s^{-1}).
- **Demi-vie $\tau_{1/2}$ (en s) :** $\tau_{1/2} = \frac{\ln 2}{\lambda} = \tau \ln 2$.

Ouverture au monde quantique

- La valeur de la force d'interaction électrique est :

$$F_{A/B} = k \frac{q_A q_B}{d_{AB}^2} \quad \text{avec } k = 9 \cdot 10^9 \text{ S.I}$$

(F en newton (N) ; q en coulomb (C) ; d en mètre (m)).

- **Hypothèse de Planck (1900)**

Les échanges énergétiques se font par quantum d'énergie ΔE :
$\Delta E = h\nu$; h, constante de Planck : $h = 6{,}62 \cdot 10^{-34}$ J · s
(unités : ΔE en joule (J), ν en hertz (Hz)).

- **Hypothèse d'Einstein**

L'énergie électromagnétique correspond à l'absorption ou à l'émission d'une particule appelée photon.

Photon : γ ; masse nulle ; charge nulle ; énergie $E = h\nu$.

- **Postulats de Bohr (1913)**

– Il n'existe qu'un nombre discret de niveaux d'énergie :
$E_1, \ldots E_n \ldots$
Si l'atome est dans un état d'énergie E_n, il peut y avoir absorption ou émission d'une radiation électromagnétique de fréquence :

$$\nu_{np} = \frac{|E_p - E_n|}{h}.$$

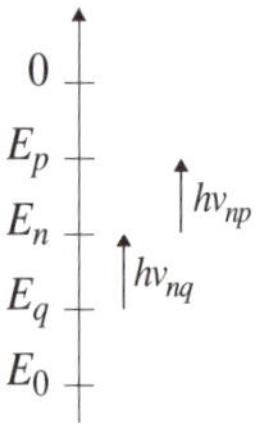

Optique

Lentilles minces

Vergence :

$$C = \frac{1}{\overline{OF'}} = \frac{1}{f'},$$

(unités : C en dioptrie (δ) et f' en mètre (m)).

Relations de conjugaison dans les conditions de Gauss

$$\frac{1}{\overline{OF'}} = \frac{1}{\overline{OA'}} - \frac{1}{\overline{OA}} = \frac{1}{f'} \quad \text{et} \quad \gamma = \frac{\overline{A'B'}}{\overline{AB}} = \frac{\overline{OA'}}{\overline{OA}}$$

Instruments d'optique

Principe : un objectif forme de l'objet une image qui est observée avec l'oculaire qui sert de loupe.

- Microscope : objectif de très courte focale (quelques mm).
- Lunette : objectif de grande focale (dizaines de cm).
- Télescope : modélisé par l'association d'un miroir sphérique (objectif) et d'un système miroir secondaire-oculaire.

Sons

Modes de vibration d'une corde ou d'une colonne d'air

• Il y a résonance pour certaines valeurs de la fréquence f_1, f_2, … appelées fréquences propres de vibration.

• On constate la quantification des modes propres : $f_n = n f_1$.

f_1, plus basse fréquence, correspond au mode fondamental ; les autres fréquences qui sont des multiples de f_1 sont les harmoniques supérieures.

Interprétation ondulatoire : ondes stationnaires

La corde présente des fuseaux. Il y a *n* fuseaux dans le mode *n* :

$$L = \frac{n\lambda_n}{2} \; ; \; f_n = \frac{v}{\lambda_n} = \frac{nv}{2L} \; ; \; T_n = \frac{1}{f_n}$$

(unités : f_n en Hz ; L en m ; v en $m \cdot s^{-1}$; T_n en s).

Son émis par un instrument

Un son est généralement une superposition complexe des différents modes de la corde ou du tuyau et cette superposition varie au cours du temps. Elle est différente pendant l'attaque, l'extinction, le corps de la note.

Un son est caractérisé par :

– son intensité ,

– sa hauteur (la fréquence du fondamental donne son nom à la note),

– son timbre (dépend de la fréquence et des intensités respectives des harmoniques ainsi que de leurs transitoires d'attaque et d'extinction).

L'oreille humaine normale perçoit les sons de fréquences comprises entre 20 Hz (limite des graves) et 18 kHz (limite des aigus).

Gamme

Dans la gamme tempérée, l'octave est divisée en 12 demi-tons.
Si deux notes sont séparées d'une octave : $f_1/f_2 = 2$; d'un demi-ton : $f_1/f_2 = \sqrt[12]{2}$; d'une quinte $f_1/f_2 = 3/2$; d'une tierce $f_1/f_2 = 5/4$.

Niveau sonore $L = 10 \log (I/I_0)$

I est l'intensité sonore, exprimée en $W \cdot m^{-2}$.
I_0 est une intensité sonore prise comme référence :

$$I_0 = 10^{-12} \; W \cdot m^{-2}.$$

L, grandeur sans dimension, s'exprime en décibel acoustique (dBA).
L augmente de 3 dBA si l'intensité sonore est multipliée par 2.

Cas de la diffraction de la lumière par une fente ou un fil

La figure de diffraction est perpendiculaire à la fente.

$$\theta = \frac{\lambda}{a} \ ; \ 2\,\theta \approx \frac{d}{D}$$

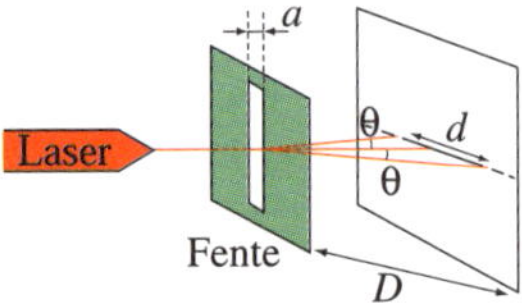

θ est l'écart angulaire, sans dimension,
(unité : le radian (rad)),
a la largeur de la fente ou le diamètre du fil, en mètre (m).

Caractère ondulatoire de la lumière

- On observe des phénomènes de diffraction : la lumière est une onde. Elle se propage dans le vide et les milieux transparents. On caractérise une radiation lumineuse par sa fréquence f (unité : le hertz (Hz)) qui conserve la même valeur dans tout milieu de propagation.
- Une lumière polychromatique est la superposition d'un nombre fini ou infini de radiations monochromatiques.
- Dans le vide, toutes les radiations lumineuses se propagent à la même célérité (notée c) : $c \approx 3{,}00 \cdot 10^8\ \mathrm{m \cdot s^{-1}}$.

Dans les autres milieux, la valeur v de cette célérité ne peut dépasser la valeur c. On a toujours : $v \leqslant c$.

- Indice n d'un milieu transparent : $n = \frac{c}{v}$ (sans dimension).

Puisque $v \leqslant c$, on a toujours $n \geqslant 1$. $n_{\text{vide}} = 1$ et $n_{\text{air}} \approx 1$.

- Longueur d'onde d'une radiation lumineuse : $\lambda = \frac{v}{f} = \frac{c}{nf}$ (λ en m ; v et c en $\mathrm{m \cdot s^{-1}}$; f en Hz).

λ dépend de v et dépend donc du milieu de propagation.

Milieux dispersifs

Milieux où la célérité v de l'onde dépend de sa fréquence.
L'eau est un milieu dispersif pour les ondes mécaniques.
L'indice $n = \frac{c}{v}$ d'un milieu dispersif pour la lumière varie avec la fréquence. Exemple : prismes du laboratoire.

Radioactivité

Définitions et notations : symbole du noyau ${}^{A}_{Z}X$

A : nombre de nucléons ou nombre de masse.
Z : nombre de protons (ou de charge) ou numéro atomique.
N : nombre de neutrons ($N = A - Z$).
Isotopes : noyaux de même nombre Z (A différent).

Un noyau radioactif (par opposition à stable) a tendance à se désintégrer.
Radioactivité naturelle (par opposition à artificielle) :
concerne les noyaux radioactifs qui existent dans la nature.

Ondes mécaniques progressives

Différents types d'onde

Il y a transport d'énergie sans transport de matière bien que la perturbation elle-même corresponde à un déplacement de matière.

- **Onde longitudinale** : perturbation du milieu parallèle à la direction de propagation (onde sonore de compression-dilatation).
- **Onde transversale** : perturbation du milieu perpendiculaire à la direction de propagation (ride se propageant sur l'eau).
- **Onde de torsion** (échelle de perroquet).

Retard

Si à l'instant t un point M du milieu subit la perturbation subie par le point M' à l'instant t', on définit :

– la vitesse de propagation v (ou célérité) par :

$$v = \frac{M'M}{t - t'} \text{ (unité : m} \cdot \text{s}^{-1}\text{)}$$

v dépend de l'état physique du milieu de propagation ;

– le retard τ : $\boldsymbol{\tau = t - t'}$ (unité : s).

Ondes mécaniques progressives périodiques

Période et fréquence

Période T (en seconde : s).

Fréquence f (en hertz : Hz) : $\boldsymbol{T = \frac{1}{f}}$ **et** $\boldsymbol{f = \frac{1}{T}}$.

Cas particulier des ondes sinusoïdales

La longueur d'onde λ (en mètre : m) rend compte de la périodicité spatiale de l'onde : c'est la plus petite distance séparant deux points du milieu situés sur la même direction de propagation et se trouvant toujours dans le même état.

La périodicité temporelle (période T) et la périodicité spatiale (longueur d'onde λ) sont liées :

$$\boldsymbol{\lambda = vT} \quad \text{ou} \quad \lambda = \frac{v}{f} \text{ (unités : } \lambda \text{ en m ; } v \text{ en m} \cdot \text{s}^{-1}\text{ ; } T \text{ en s).}$$

T et f sont des grandeurs indépendantes du milieu de propagation.

Diffraction

Si la propagation d'une onde rectiligne sur l'eau est perturbée par un obstacle présentant une ouverture, l'onde rectiligne :

– est diaphragmée si l'ouverture est « assez grande » (elle demeure rectiligne en étant observable sur une moins grande largeur) ;

– donne naissance, après l'obstacle, à une onde circulaire centrée sur l'ouverture lorsque celle-ci est « assez petite ».

Communiquer

Modulation de fréquence

• **Onde porteuse**: $u(t) = u_m \cos(2\pi f_p + \phi)$.

• En modulation d'amplitude, u_m est une fonction affine de u_s, où u_s correspond au signal à transmettre.

Signal modulé : $\mathbf{u(t) = [a\, u_s(t) + b] \cos(2\pi f_p\, t)}$.

• Lorsque $u_s = U_s \cos(2\pi f_s t)$, les écritures ci-dessous sont équivalentes :

$$u(t) = A[1 + m \cos 2\pi f_s\, t] \cos(2\pi f_p\, t)$$

$$u(t) = K\left(\cos(2\pi f_p\, t)\right) + \frac{m}{2} \cos(2\pi(f_p - f_s)\, t) + \frac{m}{2} \cos(2\pi(f_s + f_p)\, t))$$

• $u(t)$ est la somme de trois fonctions sinusoïdales de fréquences : f_p, $(f_p - f_s)$ et $(f_p + f_s)$.

• La transmission du signal par modulation de fréquence occupe la bande de fréquences : $[(f_p - f_s), (f_p + f_s)]$.

Différentes étapes de la restitution d'un signal transmis

– Circuit (L, C) passe-bande pour la tension et bouchon pour l'intensité (choix permettant la sélection de la porteuse de fréquence f_p et de la bande $[(f_p - f_s), (f_p + f_s)]$).

– Détection d'enveloppe : ensemble {diode - montage (R', C') parallèle}.

– Élimination de la composante continue : filtre passe-haut (R'', C'').

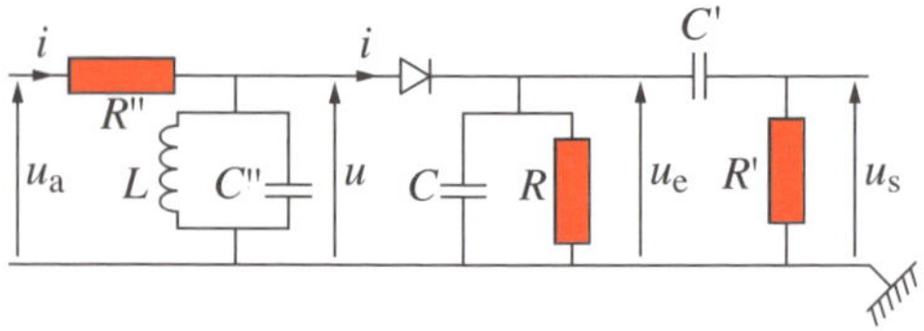

Achevé d'imprimer à I.M.E. à Baume-les-Dames - France
Dépôt légal n° 67597 - Septembre 2006